理想住宅

解决居住痛点的12个住宅格局设计

余颢凌 编

化学工业出版社
·北京·

内容简介

本书收录了12个老旧公寓格局改造案例。这些老房子通常存在采光不足、卫生间没有干湿分离、空间布局不够规整、收纳空间不足等问题。书中案例将这些问题逐一提出并制定破解方案，改造后的房子被赋予更好的使用价值。业主包括独居人士、丁克家庭、三口之家、多子家庭、三代人共同居住的家庭、退休长者家庭等。书中案例图文并茂，包括实景照片、详细的文字介绍、改造前后平面图对比、空间生成过程图纸等内容。

本书适合室内设计及相关行业设计师工作使用，也适合热爱生活的住宅业主阅读。既可为业主的室内装饰提供灵感和创意，也可作为充实生活的休闲读物。

图书在版编目（CIP）数据

理想住宅：解决居住痛点的12个住宅格局设计 / 余颢凌编. —北京：化学工业出版社，2023. 11

ISBN 978-7-122-44192-8

Ⅰ. ①理… Ⅱ. ①余… Ⅲ. ①住宅-室内装饰设计 Ⅳ. ①TU241

中国国家版本馆CIP数据核字（2023）第180265号

责任编辑：毕小山　　装帧设计：米良子

责任校对：田睿涵

出版发行：化学工业出版社（北京市东城区青年湖南街13号 邮政编码100011）

印　装：北京盛通印刷股份有限公司

710mm×1000mm 1/16　印张14　字数200千字　2024年1月北京第1版第1次印刷

购书咨询：010-64518888　　售后服务：010-64518899

网　址：http://www.cip.com.cn

凡购买本书，如有缺损质量问题，本社销售中心负责调换。

定　价：98.00元　

前言

设计向善，与人性的光辉相遇

近年来，随着中国城市化的迅猛发展，以及人们物质生活水平的提升，设计的价值也越来越受到大众认可与重视，室内设计进入家庭的现象屡见不鲜。室内设计的最终目的是为人服务，将美好生活带给更多需要的人。然而在当下城市经济高速发展的进程中，人们生活质量的不均衡现象也不可避免，如今中国还面临着步入老龄化社会的趋势。在此背景之下，我们格外关注城市中的弱势群体，秉持“设计向善”精神，尊重并关怀每一个积极向上、渴望美好生活的百姓家庭。

设计，是跨越阶层的，并非高高在上的，每个人都有获得美好生活的权利。为大众提供设计帮助是我很早以来就有的心愿，但是一直苦于找不到合适的契机。2021 年和 2022 年，有幸两次受邀参加“梦想改造家”公益项目，正给了我这样一个机会。

我们在“梦想改造家”公益项目中的两个案例都涉及空间户型的全面梳理与改造，也存在着部分相似问题，比如狭窄逼仄、功能分区混乱、阴暗潮湿、安全隐患等。在户型的重新打造过程中，针对两个案例居住者的不同生活习惯，我们进行了侧重点不同的相应调整。

项目“园丁的家”居住者是退休的李老师，考虑到其体弱多病的身体现状，我们精心打造出一个节能环保、舒适健康、治愈孤独的城市住宅。利用天地冷暖恒温恒湿系统保障房间中空气的新鲜与

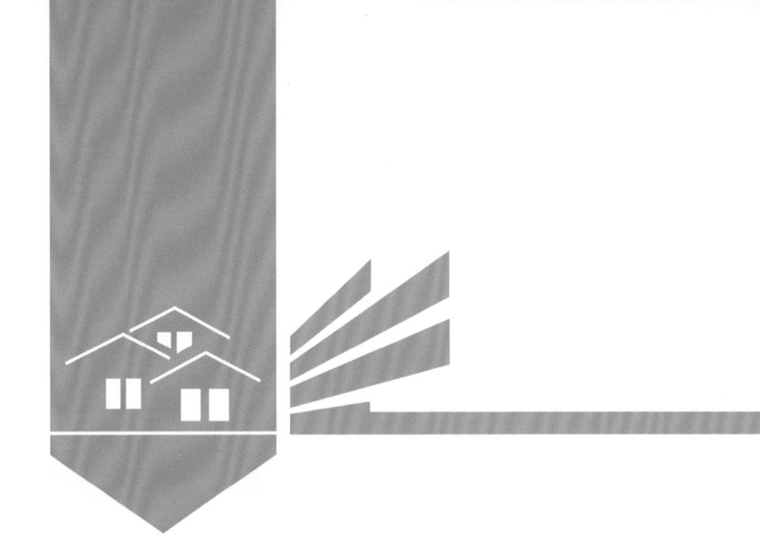

流通；利用相变材料与高性能系统门窗增加防噪声系统，引入节能环保居住理念；利用合理的灯光设计保护其视力；设置四分离式卫生间与主卧相连，增加适老化设计，使老人生活更加舒适健康、便利安全。同时在背景墙选用武侯祠图案注入成都文化元素，增加其生活的地域归属感。

在项目“守望相助的家”中，我们为蜗居在50 ㎡左右小屋的“深漂”一家五口，将拥挤逼仄的房子改造为温馨舒适的雅致之家。针对家中小儿子行动障碍的身体状况，我们为其打造了专属的三层“游乐场”，在家中设置锻炼功能区，方便其身体的训练恢复。最终整个家焕然新生，一家人也生活得更有尊严与乐趣。

我对于能够帮助两个家庭改善居住环境以及生活方式而感到由衷开心。同时，在设计过程中最触动我内心的是这两个家庭中家人之间的爱与温情。他们都满怀对家人与生活的热爱，敢于付出与牺牲，并执着于寻找生活的希望与意义，哪怕身在沟渠，依然心向明月。毫无疑问，他们是值得拥抱明月的。

设计向善，让我们与人性的光辉相遇。家庭中人与人之间自然流露的真情以及坚韧乐观的生活态度，朴实无华，却无比珍贵。这些都令人感动，也让我更加坚定“设计向善”的信念，继续用自己的设计去见证幸福家庭，让更多的人看到并体验生活之美，不辜负爱与真情，将“设计，以美好致生活”的使命贯彻并传播下去。

余颢凌

四川尚舍家室内设计创始人

STUDIO.Y 室内设计事务所设计总监

中国室内装饰协会陈设艺术专业委员会副秘书长

成都市建筑装饰协会住宅设计委理事长

CIID 中室学第四学术专业委员会主任

主要荣誉：

2022 年美国 IDA 国际设计奖

2022 年意大利 A' Design Award 奖

2021 年美国 IDA 国际设计奖

2021 年德国 IF 设计奖

2021 年第十九届国际设计传媒奖年度软装陈设空间奖铂金奖

2020 年法国双面神 GPDP AWARD 国际设计奖室内设计奖

2020 年中国建筑学会建筑设计奖・室内设计专项奖

2019 年美国 Best of Year Awards–City House

从事室内设计行业超 20 年。2015 年在成都创办 STUDIO.Y 室内设计事务所，致力于别墅私宅空间的全案设计定制服务，以私宅高定为主体，保持创新、开放精神，以“私宅 - 产品设计 - 建筑设计”作为未来发展方向，参与多元跨界探索，谋求多种业态可能性。作为生活美学的践行者，STUDIO.Y 注重当代审美下“科技、自然、生态、艺术”的引入，以见证幸福家庭、助力员工成长、探索设计真谛为己任，沿着“尺度 + 美学”的探索方向，挖掘设计背后的人性因素，以“设计向善”为人文设计内核，专注在地性与国际化的交融，秉持学术态度不懈探索设计内涵与设计方向。除别墅私宅空间之外，余颢凌同样擅长老房重塑，并两次参加“梦想改造家”活动，通过暖心的设计，从安全感、舒适性、宜居性等方面逐个击破，为身处陋室的家庭打造高品质的居住空间。

目录

守望相助的家 / 002
——深圳 $55m^2$ 阁楼老房，变身三层游乐场

旋境 / 026
——以极简的结构承载三代共居的庞杂生活体系

园丁的家 / 044
——为退休教师打造的健康舒适养老住宅

一室亦园 / 068
——退休夫妇的晚年生活居所

包裹的书核 / 086
——以书核为改造核心，打造利于儿童阅读的生活空间

北京大院公寓 T101 改造 / 102
——70 年老公寓的非典型微改造

画室里的家 / 116
——魔都梦想图鉴，生活与艺术的兼容空间改造

极小天井住宅 / 136
——老旧花园里弄洋房变身三层极简风格住宅

康平路公寓 10° 宅改造 / 156
——通过 10° 旋转重构与优化不规则空间

飞龙公寓 / 174
——打破空间界限的包豪斯风格空间改造

半圆厅公寓改造 / 186
——由破旧舞厅改造而成的多功能家居洋房

中岛住宅 / 204
——女士专属居所改造

设计公司名录 / 216

理想住宅

解决居住痛点的12个住宅格局设计

SEVEN

守望相助的家

——深圳55m²阁楼老房，变身三层游乐场

项目地点： 深圳市
项目面积： 55 ㎡
居住人数： 一家三代，共计 5 人
设计公司： STUDIO.Y 室内设计事务所
设计团队： 余颢凌、杨一凡、王鹏年、唐晨翔
项目品宣： 徐彩红
摄影： 张骑麟

1

1 客餐厅区域
2 餐厅布置

项目改造背景及房屋原始状态

来自深圳的游先生夫妇，经过多年的打拼，买下了一套72m²（套内55m²）的小房子。当时的夫妻俩有着一种终于在这个城市扎根的喜悦。儿子游游的出生，更是让这个小家庭喜上加喜。但不幸的是，游游在6个月的时候被诊断出“身体左侧活动障碍”，需要长时间的康复治疗和精心照顾。在全家人的努力下，游游的身体有了很大的改善，也成长为一名品学兼优的小学生。可随着游游一天天长大，房子的居住问题也慢慢凸显出来：游游已经10岁，还跟爸妈挤在一张床上；学习区安放在客厅，游游学习时总是会被打扰；另外，陈旧的设施和许多不合理的设计，也让家人的生活充满困扰。这次改造帮他们在55m²、2室1厅的空间下，解决了生活起居的问题，更是为游游打造了一个专属的三层“游乐场”。

3 改造前的卫生间
4、5 室内潮湿，墙皮脱落
6 改造前的厨房
7 杂乱的客厅承载了多种使用功能
8 通向阁楼的楼梯上堆放了很多杂物
9 阳台空间
10 狭小的卧室

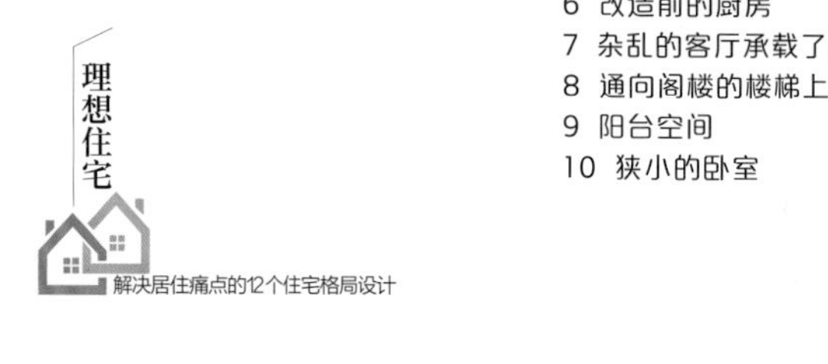

设计师通过实地调研发现，游游家的客厅既要吃饭又要学习，还兼顾了各种各样的休闲功能，十分混乱。两个卧室都很小，几乎没什么多余的空间。厨房的冰箱门会挡路，台面太低，吊柜容易撞到头。卫生间倒是不小，但是对于三代五口人来说，早晨抢厕所也是一个很大的问题。不过，他们家的阳台很大，如果能像隔壁一样搭一个阳光房，就能增加不少可利用的空间了。阁楼面积虽小，但胜在层高够高，只是楼梯的踏步尺寸不合理，容易摔跤，顶上的一圈吊柜，拿取东西也很危险。带着一家人的希望，设计师开始了设计，现场也同步进行了清拆工作，很多隐藏的问题也随之暴露出来。例如，墙角发霉非常严重，用手摸一下都是湿漉漉的，甚至还伴有非常刺鼻的气味。拆除时，还发现原先的楼板太薄，隔声效果很差。不过也有一些好消息，比如，房子是框架结构，格局改动可能性很大；阁楼的净高足足有3.07m，也存在再次分隔的可能性。

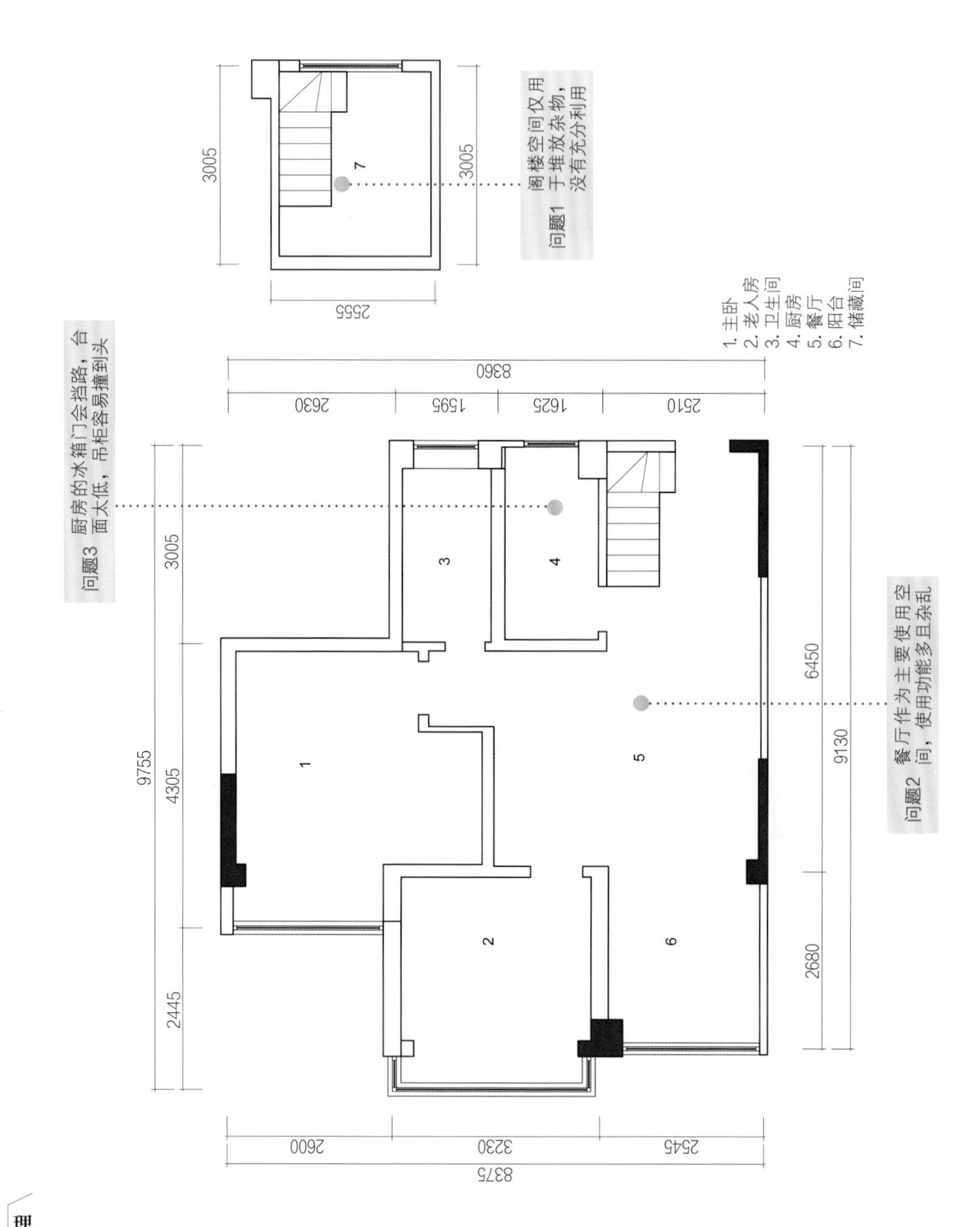

改造前平面图及存在的问题（一）

改造后平面图及问题的破解（一）

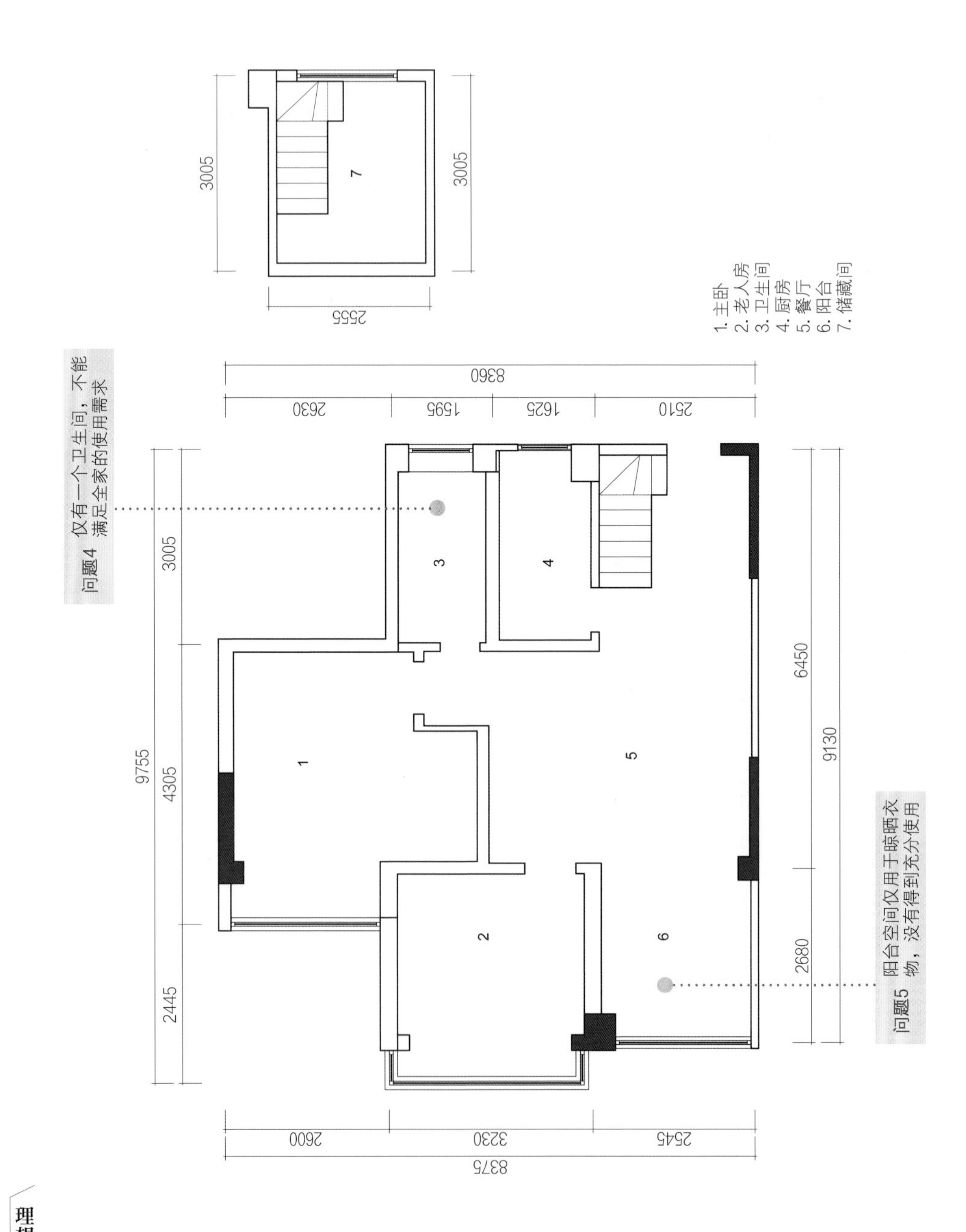

改造前平面图及存在的问题（二）

改造后平面图及问题的破解（二）

首先是阁楼区，要在 5.7m 的总层高下规划出三层的空间。设计师决定一层降板，保证 2.2m 的常规净高；第二层留 1.8m 作为游游的卧室；而第三层则是剩下的 1.45m，设计为一个多功能的康复区加收纳区。为了保证这一方案能够实现，在搭建结构的时候，既要考虑安全性，又要尽可能地压缩楼板厚度，抢出更多的层高。

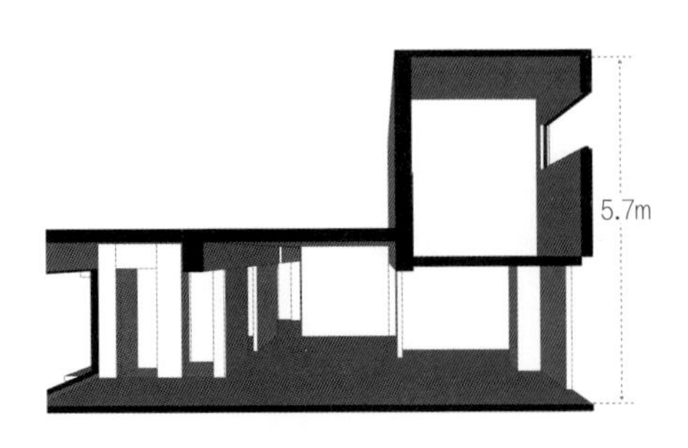

改造前的通高空间

改造后的分层空间

将楼梯方向进行了改动，把踏步高度从 23cm 调整到了相对安全的 18cm，楼梯坡度也由原来的 50° 变成了 40° 。

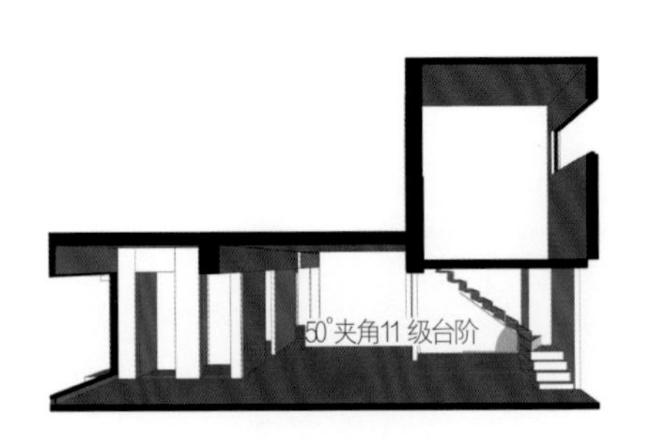

改造前的楼梯

改造后的楼梯

楼梯的方向改变后，不仅梯步变缓，下方的空间也被利用起来做了玄关柜，甚至连厨房的空间都得以扩大，从 L 型变成 U 型，实在是“一举三得”。厨房门也被改到客厅这边，使端菜动线变得更加方便。

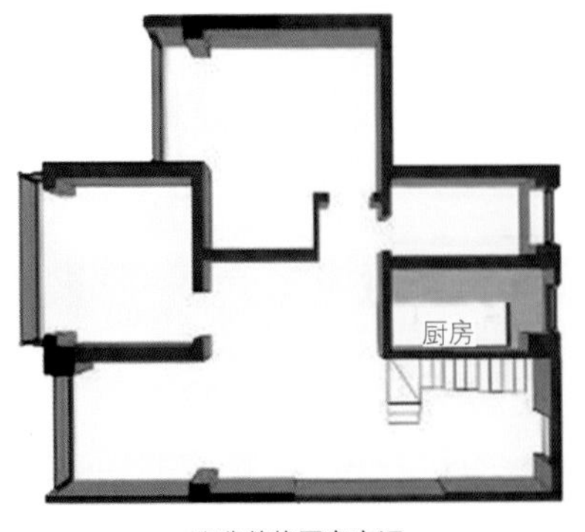

改造前的厨房空间

改造后的厨房空间

将主卧墙体内推，调整门洞位置，营造出了一个更加宽敞的客厅，分别设置西厨、餐厅、沙发以及书柜的功能。

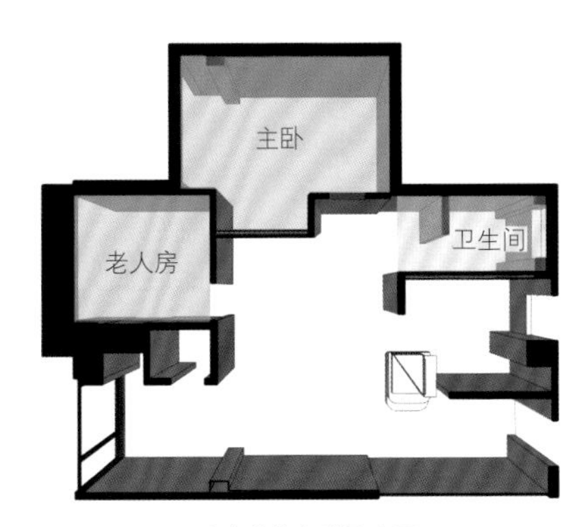

改造前的主卧及客厅

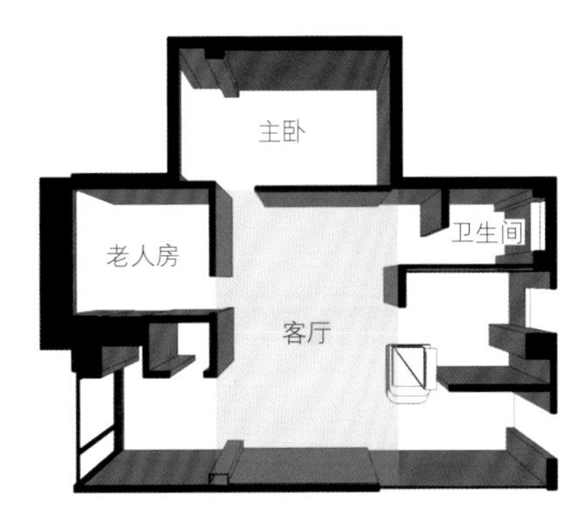

改造后的主卧及客厅

将卫生间进行了干湿分区，这样也能缓解抢厕所的问题。

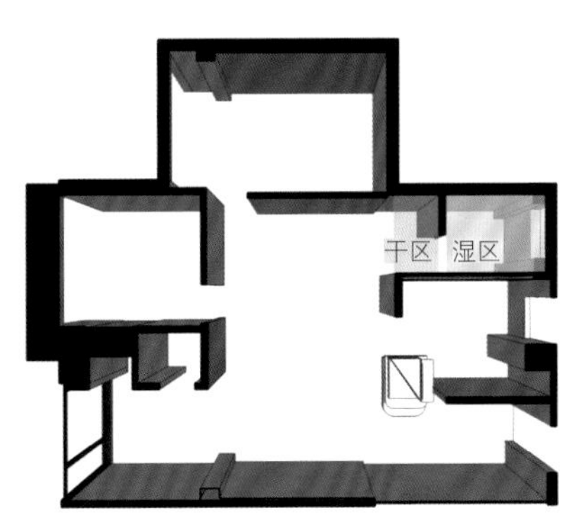

卫生间干湿分离改造

将原来的阳台改成了阳光房，不但可以作为一个书房，还能增加一个额外的卫生间。

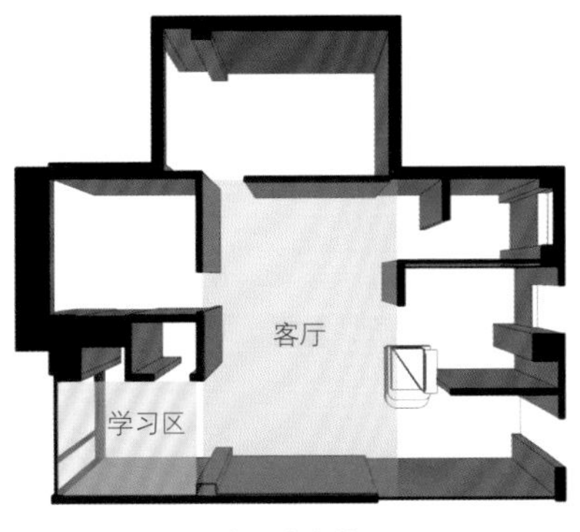

阳台改造成学习区

设计完成之后，在进行施工时，首先要解决的就是安全问题。为此，设计师将楼梯的踏步坡度变缓，设计了内凹的隐藏扶手、软包楼梯，以及专门用来保护游游的防护网。

12

11

第二个要解决的就是隔声问题。为临街噪声大的阳台更换系统窗，隔绝噪声和深圳湿热的天气。原来的楼板较薄，游游在做一些跳跃类的康复训练时总会吵到楼下，因此，也加强了向下隔声。地面铺设隔声毡和减震垫，同时在墙角的位置设置了一圈挤塑板。当地面震动传到墙角的时候，会被它完美地消解，不会通过墙体传到楼下。

13

14

第三是防潮问题。针对深圳这种炎热且潮湿多雨的气候，设计师为游游一家打造了一个“防潮壳”，在天花板、墙面、地面进行全面的防潮处理。卫生间、厨房选用特殊的防潮石膏板，墙面、顶面的涂料选择了厨卫阳台漆，不仅能抗污、抗菌，还能防霉抗碱。

考虑到一家五口人的实际需求，设计师还将房子的收纳空间从原先的 22m² 增加到了 50m²。除此之外，设计师还通过设计、定制一些可拓展、可变形的活动家具，为新家增添了更多的可变性。

入口玄关处在进门的左侧新增超大鞋柜，可以放下 100 多双鞋。右侧则是利用了楼梯下方的区域做了收纳柜，在不到 5m² 的玄关里，足足抢出了 10m² 的收纳空间。换鞋凳的上方还有一个训练用的拉环和单杠，让游游不用外出就能在家锻炼。

11 改造后的楼梯与防护网
12 阳台上的封闭窗可以有效隔离室外噪声
13 地面经过隔声处理，可以在康复训练时减少向楼下传递的噪声
14 进行了防潮处理的屋面
15、16 入口玄关配有拉环和单杠

17

客餐厅区域变成了一个通透宽敞的大横厅。白色、原木色和绿色的搭配让空间温暖宜人，又充满希望。由大餐桌可以直接抵达厨房，每个人的座位下面都有一个抽屉，斜角的设计不会磕到腿。不用餐的时候，餐桌还可以变成一张乒乓球桌。游游和外婆终于不用对着大床打乒乓球了。餐桌边上是一个水吧台，收纳功能也十分强大。

餐桌的另一侧是一个多功能的组合沙发。一面可以当成餐椅，另一面可以供人坐着看电视。中间的台面不仅可以置物，还配备了专门的充电区。

17 客餐厅细部
18 餐厅布置
19 餐桌边上的水吧台有很强的收纳功能
20 客厅多功能的组合沙发
21 舒适的客厅与餐厅相连接

22 客厅里的多功能沙发
23、24 结合客餐厅区域的电视机背景墙做了一组可开可合的柜子

23

结合电视机背景墙做了一组可开可合的柜子。不看电视的时候，也可以关闭当成书柜来使用。

24

一旁的厨房比之前大了不少。设计师利用楼梯下方的空间做出一个洗菜池。因为这里有一个斜角，所以还特意安装了防撞条。

25 厨房
26 干湿分离的卫生间

原来的阳台区域现在成为游游的阳光书房。超大的书桌让外公和爸爸都羡慕不已。书桌也是可变形的，如果爷爷奶奶来，这里就能充当一间临时客房。边上还有一个小小的洗手间，这样就彻底解决了早上起来抢厕所的困扰。

27 阳台书房也可以作为临时客房
28 位于阳台的书房
29 书房一角
30 卫生间

31~35 父母的房间
36、37 外公外婆的房间

31

父母的房间虽然牺牲了一些面积，但还是显得十分宽敞明亮。梳妆台和衣柜一应俱全，甚至还有了喝茶的地方。夫妻二人也总算是有了自己的二人世界。

32

33

36

外公外婆的房间也比之前宽敞了不少。设计师还贴心地为他们准备了更硬的床垫和专门的晾衣杆。

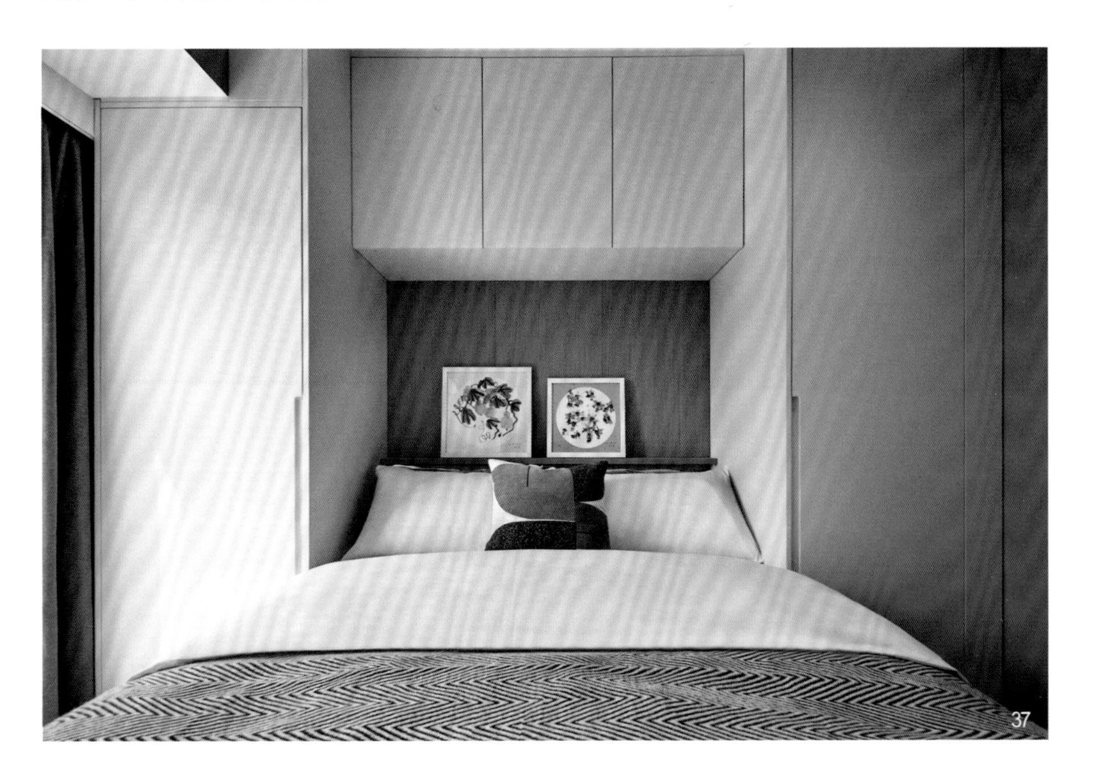

37

本次改造最大的亮点是由阁楼改造而来的“游乐场”。走上平缓的楼梯来到二楼，这里是游游的专属卧室，总算不用睡爸妈中间了。楼梯旁的防护网不但有利于他的恢复训练，也能作为通往三楼的扶手。

38 通往楼上的木质楼梯
39 游乐场一角
40 二楼的儿童房，也是专属游乐场
41 阁楼楼梯
42 三层是孩子的康复活动区域

41

三层是游游的康复活动区域，也是他的私密小空间。他可以在这里运动、学习或画画。

42

在这个守望相助的家中，父亲母亲的努力工作、外公外婆的无私奉献、设计师的暖心设计，都为这个小家庭倾注了温暖，带给他们更多的希望。就像那句诗描绘的：我原想收获一缕春风，你却给了我整个春天。希望游游能在这样的氛围下快乐长大，积极、自由，实现自己的梦想！

旋境

——以极简的结构承载三代共居的庞杂生活体系

项目地点：北京市朝阳区北苑东路
项目面积：145 ㎡
居住人数：一家三代，共计 6 人
设计公司：戏构建筑设计工作室 XIGO STUDIO
方案主创：刘阳
方案深化：王丹、张艺馨
摄影：立明

1 从餐厨区看向玄关
2 从客厅看向儿童房

项目位于北京市朝阳区北苑东路，原始户型为常规的四室一厅。从空间分布来看，各房间相对独立，主室为入口室，四间室与主室统合相连，动线类型为中心强调型。细碎且独立的房间状态加剧了六口人居住场景的距离感，而过多的预设墙板阻断视线沟通。原本的户型状态无法与三代共居的日常需要相匹配。

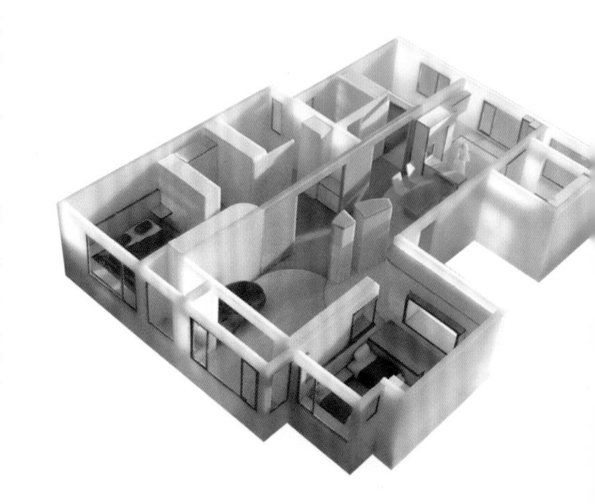

改造后户型模型图

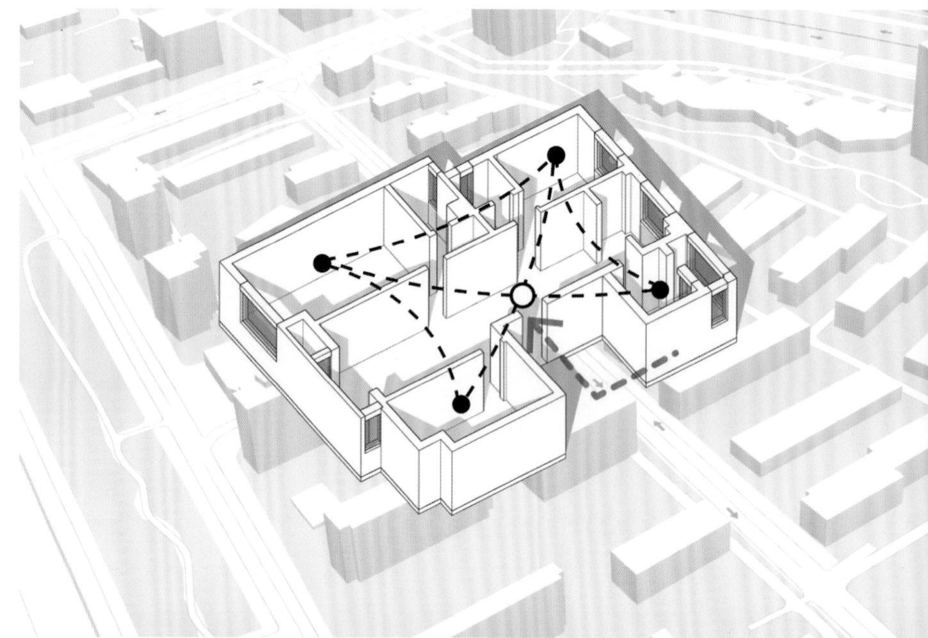

原始户型分析图

改造后入口邻接最近的间室将弧形墙体插入其中，统合成为新的结构类型，以回游穿越型动线连接各个区域。家庭成员各自拥有足够宽敞舒适的生活场景，三代共居的理念得以传递。

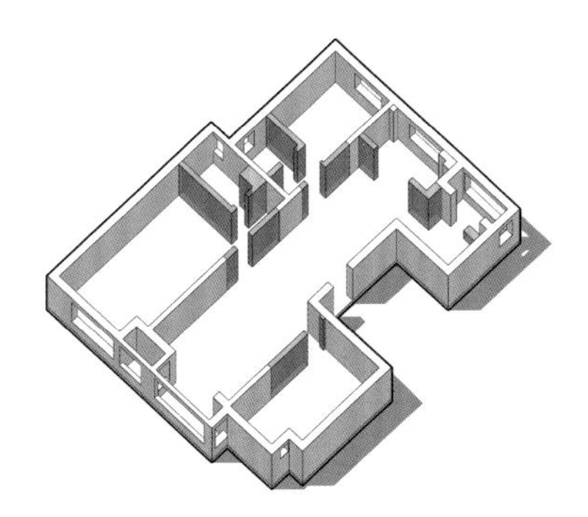

（1）原始户型
拆除房屋内非必要墙体，最大限度释放空间

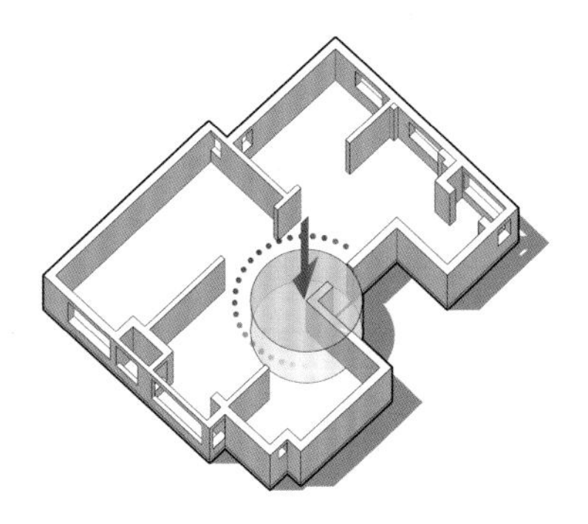

（2）中心置入
将入户玄关作为中心置入空间，围绕中心展开空间形态组织

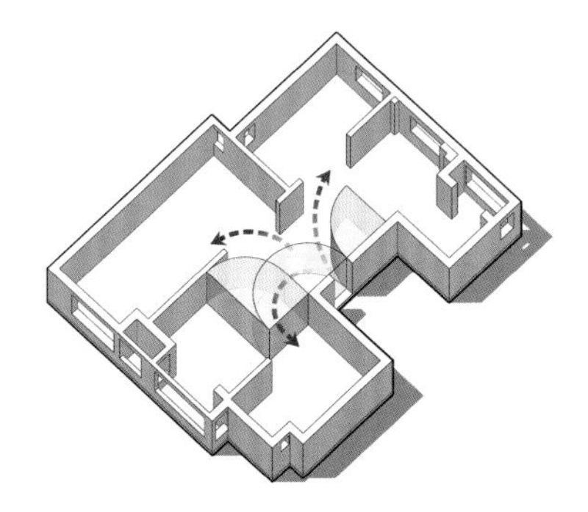

（3）形态衍生
以圆形作为基本形进行分割旋转重构，重构的圆弧形态分别指向内部三个私密空间

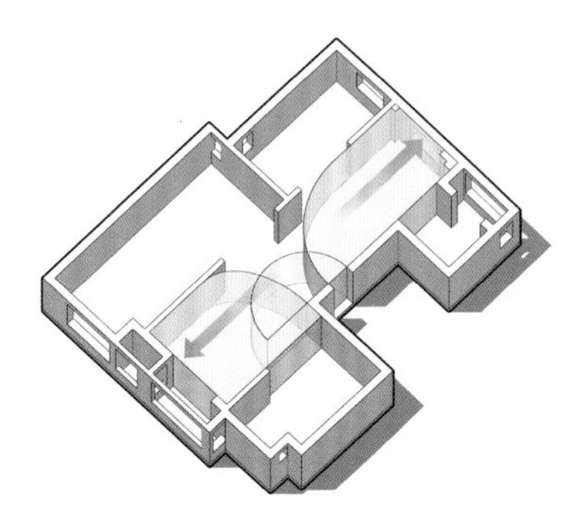

（4）形式延展
调整三个圆弧形态间的体量关系，从中心向两侧采光口延伸

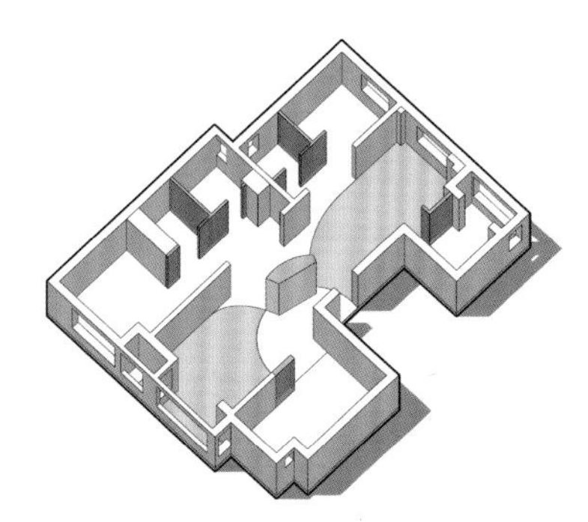

（5）墙体建构
提取三个圆弧形态间的负形，建构墙体形成基本空间造型

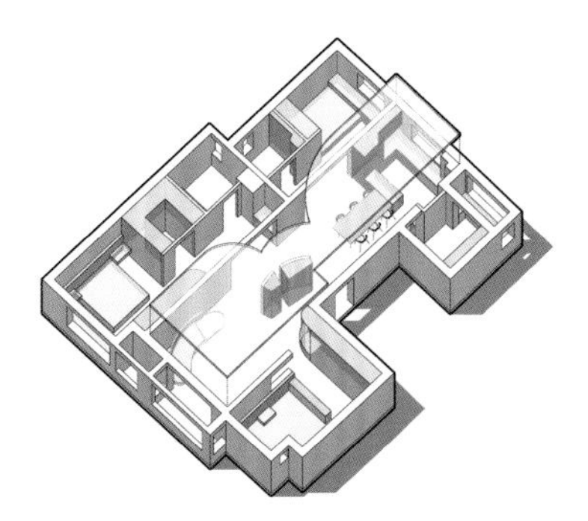

（6）功能深化
细化并整合功能与空间形态，最大限度满足业主的生活需求

空间生成过程展示

改造前

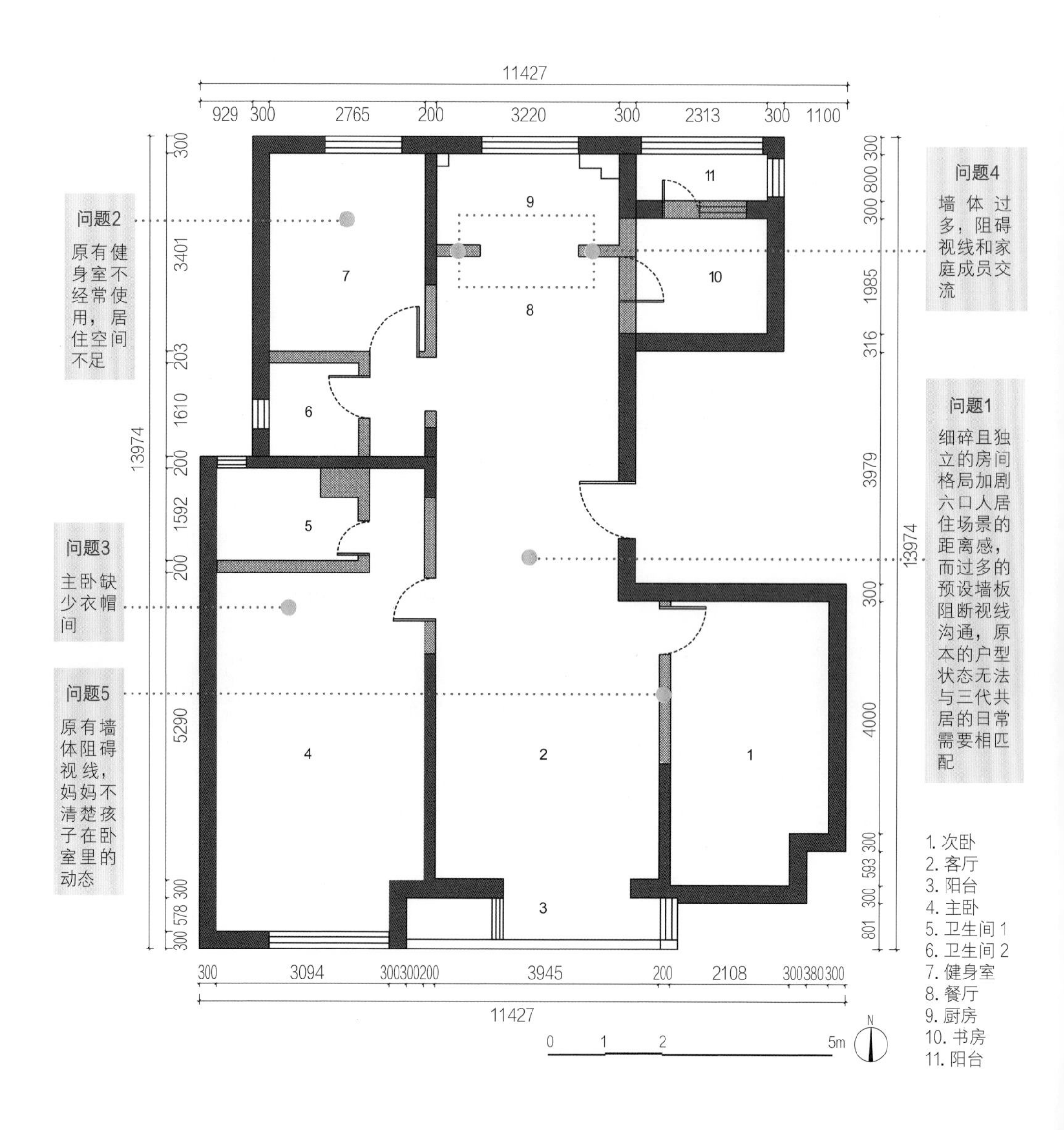

改造前平面图及存在的问题

改造后

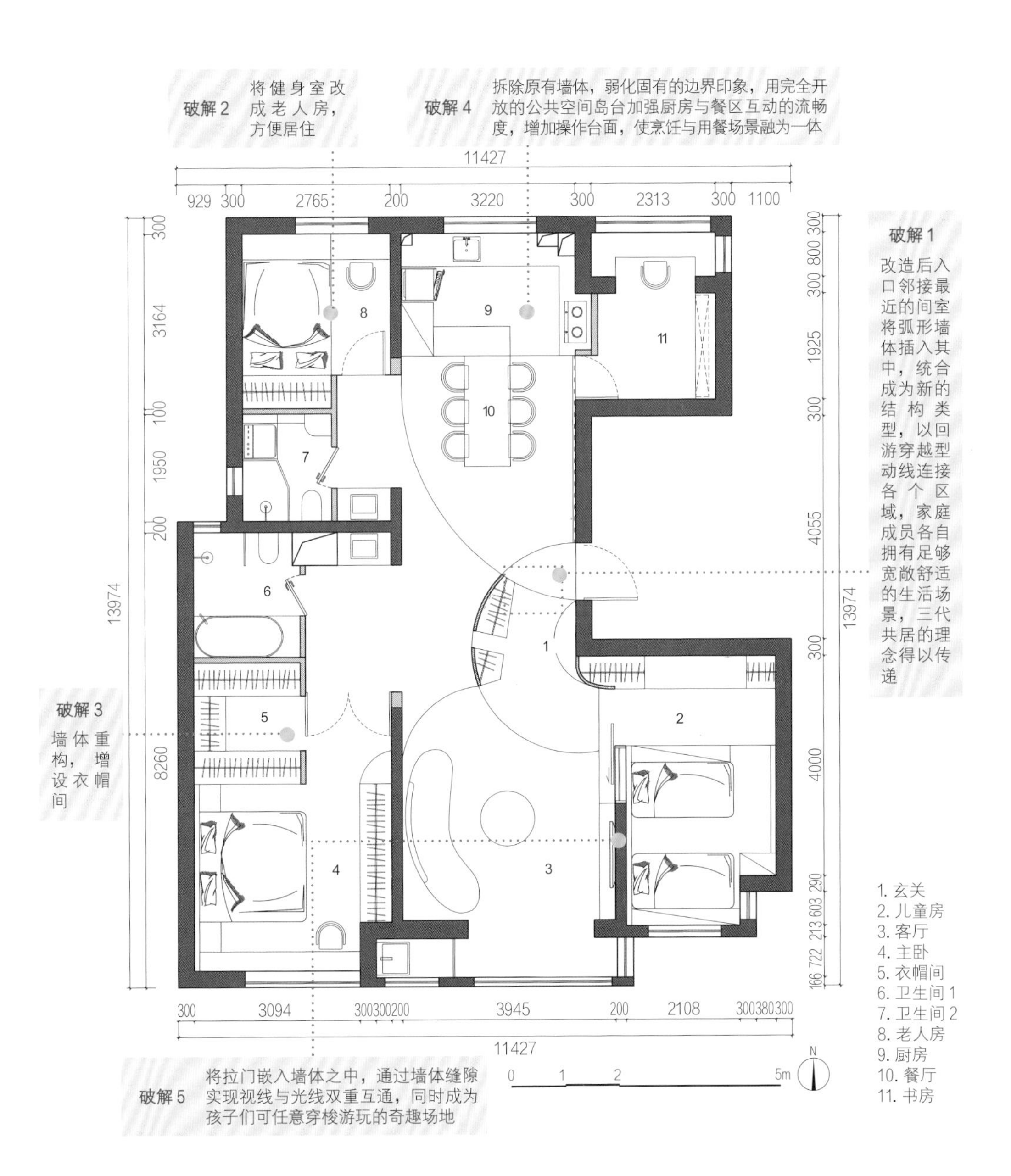

改造后平面图及问题的破解

建筑形式先于、独立于任何被赋予其上的目的和意义。——阿尔多·罗西

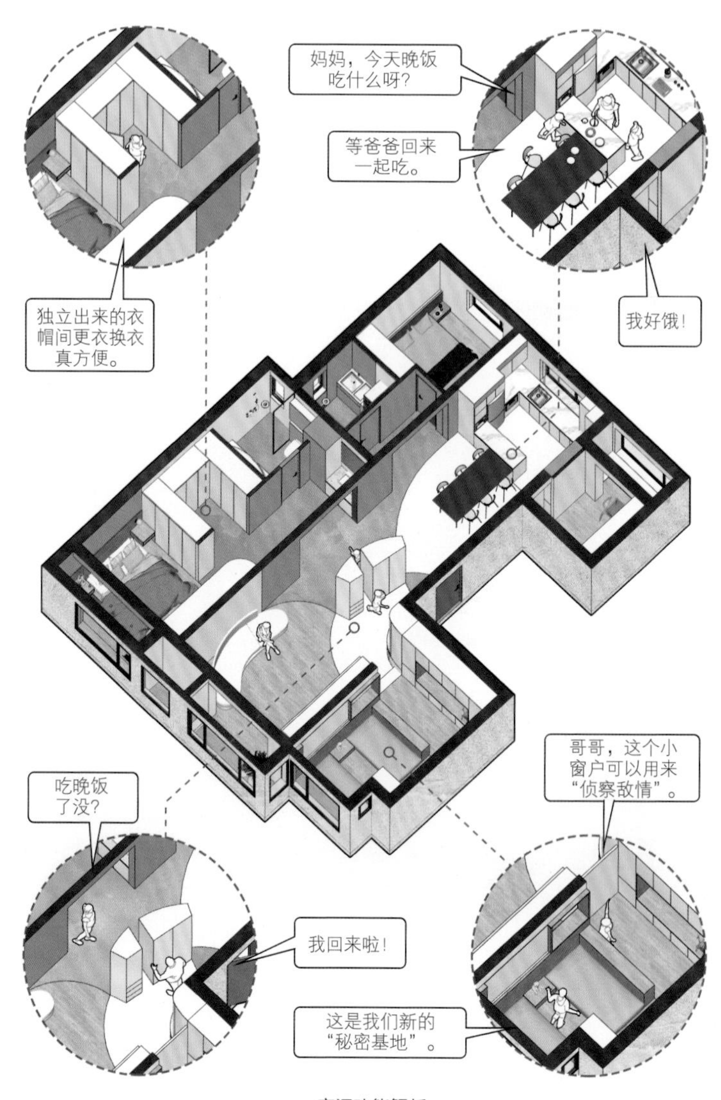

空间功能解析

探索住宅空间的“奇观构筑”，是戏构建筑设计工作室一直以来的设计兴趣所在。在对每一个场地相应的场域特征进行类型化的梳理和研究后，设计师们认为，空间作为一种连续体出现，能够感受到其内部及外部的连续和无限。设计师们根据需求定制出属于业主的个性化解决方案，通过空间结构的再创造，赋予其功能属性，营造出“景观化的室内构筑”（即“幻象的世界”）。“旋境”意为回旋环绕的隐秘逸境。设计师们借助圆形概念形式，以极简的结构承载三代共居的庞杂生活体系。

3 设计核心：圆

圆形自古以来都给予人们团圆美满的视觉联想，因此设计师们以圆形为基本形置入空间中，将其切分构建出大中小三个体块，彼此之间相互区分却又相互融合与构建，在空间中建立某种特殊的秩序将其组织与串联。“法则并非源于自然，而是人类心灵的建构”，亲密关系的形成与关键纽带的存在密不可分，此方案的空间构成理念同样遵循情感逻辑走向。由北至南指向老中幼三代各自的活动区域，在以弧线引导相应动线的同时，构成客餐厅的结构界线。设计师试图于空间中心位置构建三代共居的情感桥梁。弧形轮廓中的切口设计，作为一家六口情感沟通的概念载体，由此产生的切口实现内外场景交互，成为共生相融家庭关系的结构表达。

叙事性漫画

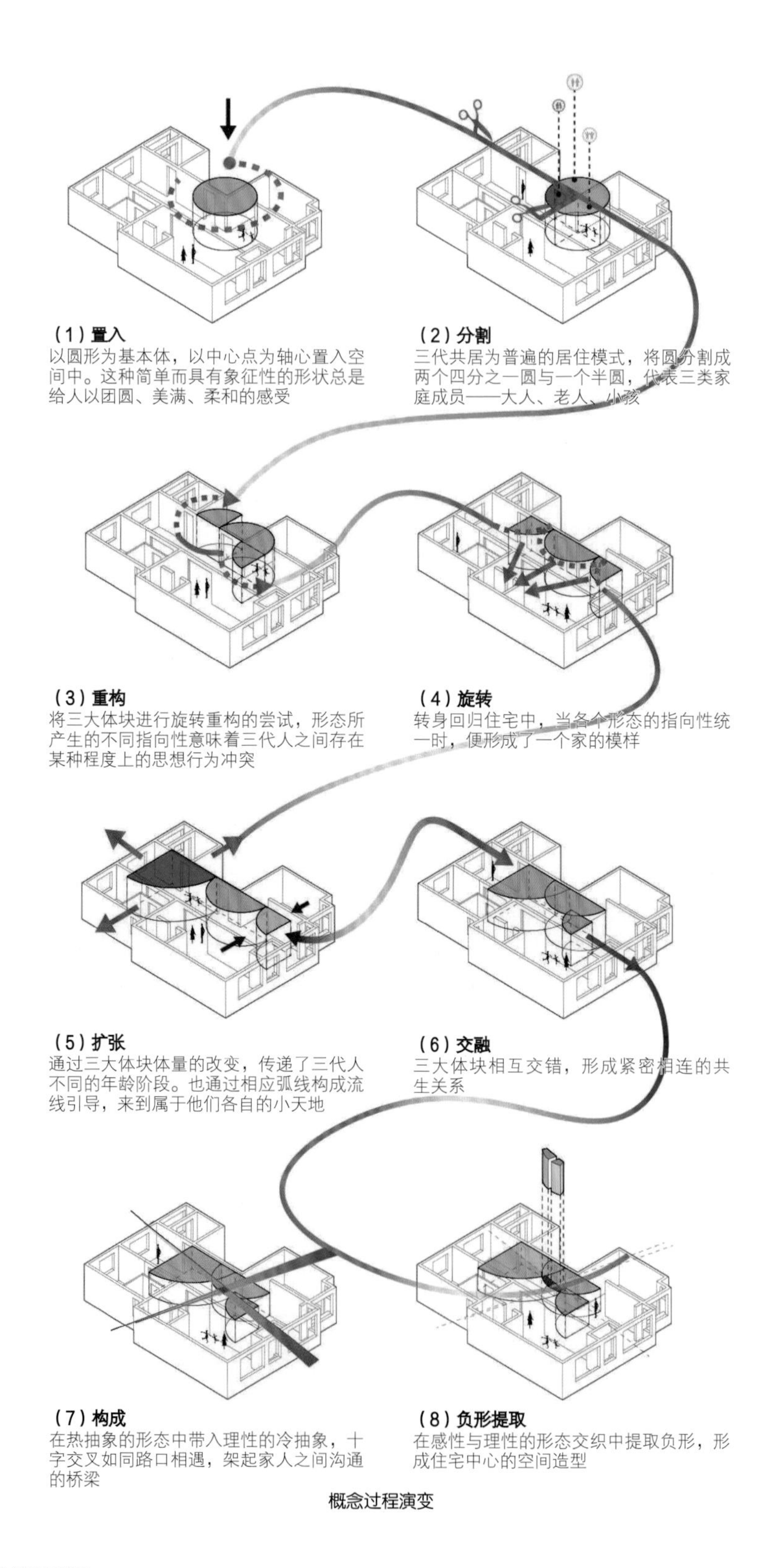
（1）置入
以圆形为基本体，以中心点为轴心置入空间中。这种简单而具有象征性的形状总是给人以团圆、美满、柔和的感受
（2）分割
三代共居为普遍的居住模式，将圆分割成两个四分之一圆与一个半圆，代表三类家庭成员——大人、老人、小孩
（3）重构
将三大体块进行旋转重构的尝试，形态所产生的不同指向性意味着三代人之间存在某种程度上的思想行为冲突
（4）旋转
转身回归住宅中，当各个形态的指向性统一时，便形成了一个家的模样
（5）扩张
通过三大体块体量的改变，传递了三代人不同的年龄阶段。也通过相应弧线构成流线引导，来到属于他们各自的小天地
（6）交融
三大体块相互交错，形成紧密相连的共生关系
（7）构成
在热抽象的形态中带入理性的冷抽象，十字交叉如同路口相遇，架起家人之间沟通的桥梁
（8）负形提取
在感性与理性的形态交织中提取负形，形成住宅中心的空间造型

概念过程演变

4

具体操作中，设计师们以空间营建的手法强调结构导向，创造出可同时承载待客、娱乐、用餐、休闲等功能的完全开放性的公共空间。圆弧墙体分隔餐厨与客厅区域，弱化固有的边界印象，是灵动独特的视觉存在。由入口圆心处延展出三条不同半径的弧形，通过弧线引流构成三条不同空间的指向性，代表着一家三代共居的生活空间。墙体缝隙实现了视线与光线双重互通，同时成为孩子们可任意穿梭游玩的奇趣场地。

5 室内概览
6 玄关处的穿鞋凳
7 入口玄关概览

从玄关进入，可以完整看到整个空间的色彩形态构成。正对的圆弧柱体被设计为玄关柜，便于日常收纳。穿鞋凳由墙面延伸而出，延续弧形元素，是进入空间的过渡设置。镜面元素的运用打通视觉空间，反射作用下从任意视角均可看到重叠掩映的结构层次，是三代共居理念的具象表达。

8 烹饪区与用餐区一体化设计
9 极简风格的六人用餐区
10 客厅里的异型沙发
11 空旷的客厅便于孩子们奔跑玩耍
12 嵌入电视墙中的儿童房拉门

白色地面对应弧形吊顶形成开放式餐厨区域，浅色系的运用呈现明亮跳跃的空间氛围。岛台加强了厨房与餐区互动的流畅度，增加操作台面，使烹饪与用餐场景融为一体。选用深灰色的餐桌座椅与周边灰色区域形成呼应，岛台式设计解决了一家六口的用餐需求。顶部与墙体的镜面材质拉伸了视觉空间，使弧线得以闭合。

10

11

南侧客厅置入异型沙发，打破方正空间的秩序感，同时留出足够空旷场地以满足孩子们自由跑动的需要。从客厅视角看向北侧，沉静私密的灰调空间与象征活力的白调区域形成对比。柜体电视墙提供储物功能，儿童房推拉门嵌入其中，门体闭合后窗框露出，视觉层次多样。

12

儿童房设计

13 儿童房内的嵌入式“活动仓”
14 儿童房入口
15 以白色和原木色为主的儿童房
16 主卧概览
17 不规则球形吊灯
18 从外部看向主卧

13

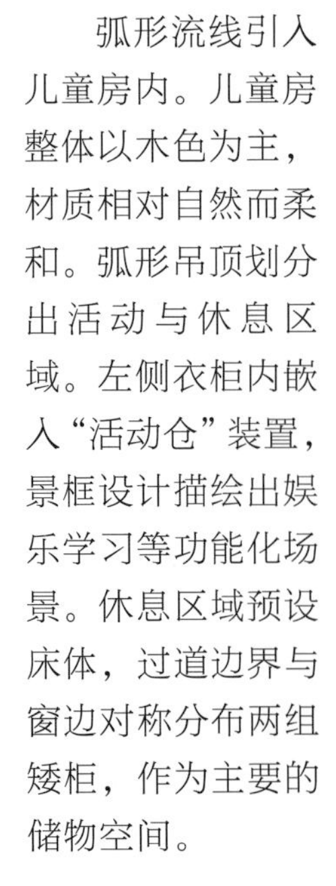

弧形流线引入儿童房内。儿童房整体以木色为主，材质相对自然而柔和。弧形吊顶划分出活动与休息区域。左侧衣柜内嵌入“活动仓”装置，景框设计描绘出娱乐学习等功能化场景。休息区域预设床体，过道边界与窗边对称分布两组矮柜，作为主要的储物空间。

16

主卧同样采用木质元素，靠窗延伸出平台以提供梳妆、阅读功能，最大限度引入自然光线。步入式衣帽间承载收纳功能，柜体内部暗藏灯带提升使用便捷性。不规则球形吊灯使空间灵动、活泼，暖光给予屋内温馨安静的质感。

17

18

19

20

19 老人房
20 卫生间洗手台
21 书房
22 书房作为临时客房使用
23 卫生间洗衣区
24 卫生间洗浴区

盥洗场景被单独隔出，镜柜延展视觉空间，“三分离”设计增强实用性。卫浴部分同时设置浴缸与浴房，提升使用舒适感。洗衣功能放置于次卫内部，旁边配备完整的操作台与洗衣池。北侧老人房与主卧呈对称分布，内部为榻榻米设计，床头柜体提供充足的储物空间。书房墙体做了隐藏设计，既可以收纳杂物，也可以放出隐藏床铺作为临时客房使用。

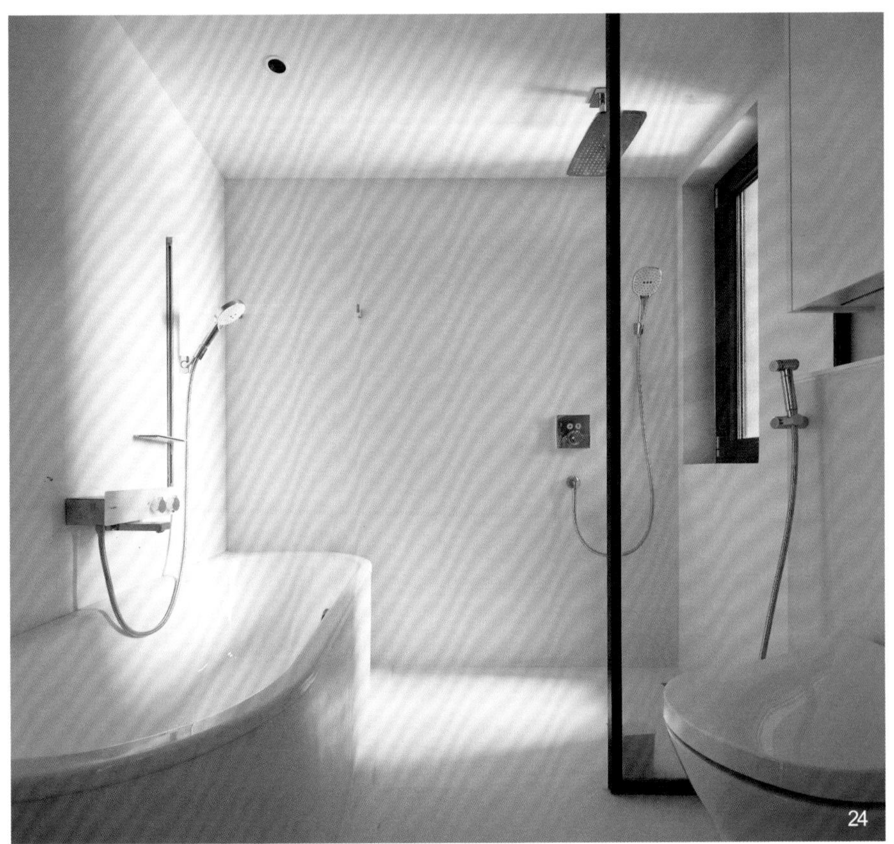

园丁的家

——为退休教师打造的健康舒适养老住宅

项目地点： 四川省成都市
项目面积： 110 ㎡ +38 ㎡花园
居住人数： 3 人
设计公司： STUDIO.Y 室内设计事务所
设计团队： 余颢凌、陈雅芦、纪婧婷、王宏成
项目品宣： 徐彩红
摄影： 张骑麟

1 明亮通透的客厅
2 改造后的主卧

项目房屋位于成都一环路内知名历史人文景点锦里武侯祠附近，是建于 20 世纪 90 年代的单位职工宿舍房，周边环境老旧，但基础设施完善，老成都氛围浓厚。居住者是山村退休教师李老师和她的女儿，委托人是李老师的学生们和李老师的女儿。

整个房子由于年久失修，已是问题重重，屋内的通风采光条件很差，漏水发霉严重，致使房间内十分阴冷。现有的收纳空间布局非常不合理，不足与浪费共存。灯光昏暗，对于有视力问题的老人来讲很不友好。大量的建筑低梁与地台易绊倒老人。电源无漏电保护措施，家中防盗措施薄弱。对于业主李老师本人来说，家中现有的居住环境很难满足其生活需求，年迈体弱的她需要更加便利的设施来保障自身的健康与安全。由于退休后大部分时间独居在家，李老师难免感到孤单。

3~6 改造前破旧的居住环境

如何有效处理室内外的高差，体现适老化设计？如何解决梁下层高过低的问题？建筑梁粗大不便开孔怎么办？如何解决老房子隔热保温问题？如何在室内创造适宜老年人的生活，满足老年人的健康需求？这些都是室内设计必须首先解决的问题！

设计师针对现有问题，通过多次上门走访、调研勘察、陪同李老师问诊等举措，确立了此次设计改造的主题：打造节能环保、舒适健康、治愈孤独的城市住宅。设计师为房屋安装了天地冷暖恒温恒湿系统，使用了相变材料与高性能系统门窗，不仅提高了房间的整体舒适度，还将节能环保的理念发挥到极致，把能耗降低了 70%。针对李老师睡眠不好的状况，设计师增加了防噪声系统进行降噪，保障老人平日的安静生活。设计师将整个房屋原有的 30 ㎡收纳柜体的投影面积扩大至 105 ㎡。考虑到李老师的视力不好，设计师将房间的灯光进行了整体的优化，提高了灯光亮度，使得光感更为合理。采用弧线结构，尽可能减少原有厚梁带来的压迫感。增设漏电保护措施与防盗措施。通过设置多功能室等聚会空间，方便学生、朋友的到访，使李老师独居时的生活也可以热闹与丰富起来，缓解其常年独居的孤单情绪。设计师将大量适老化设计融入家中，为李老师营造了一个更加健康便利的生活居所，使一家人能够尽情享受家带来的舒适与惬意。

7 客厅里的休闲座椅
8 客厅里的小摆件

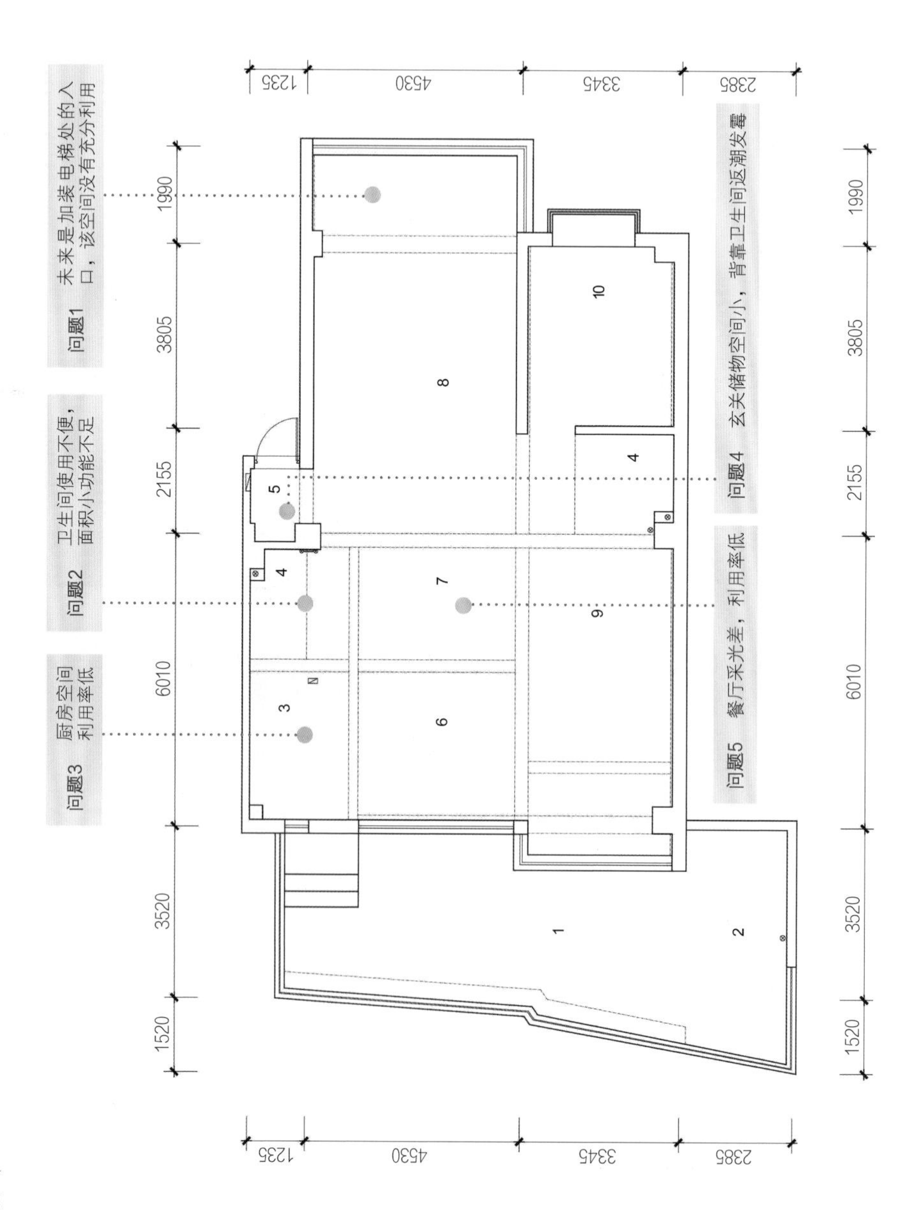

改造前平面图及存在的问题（一）

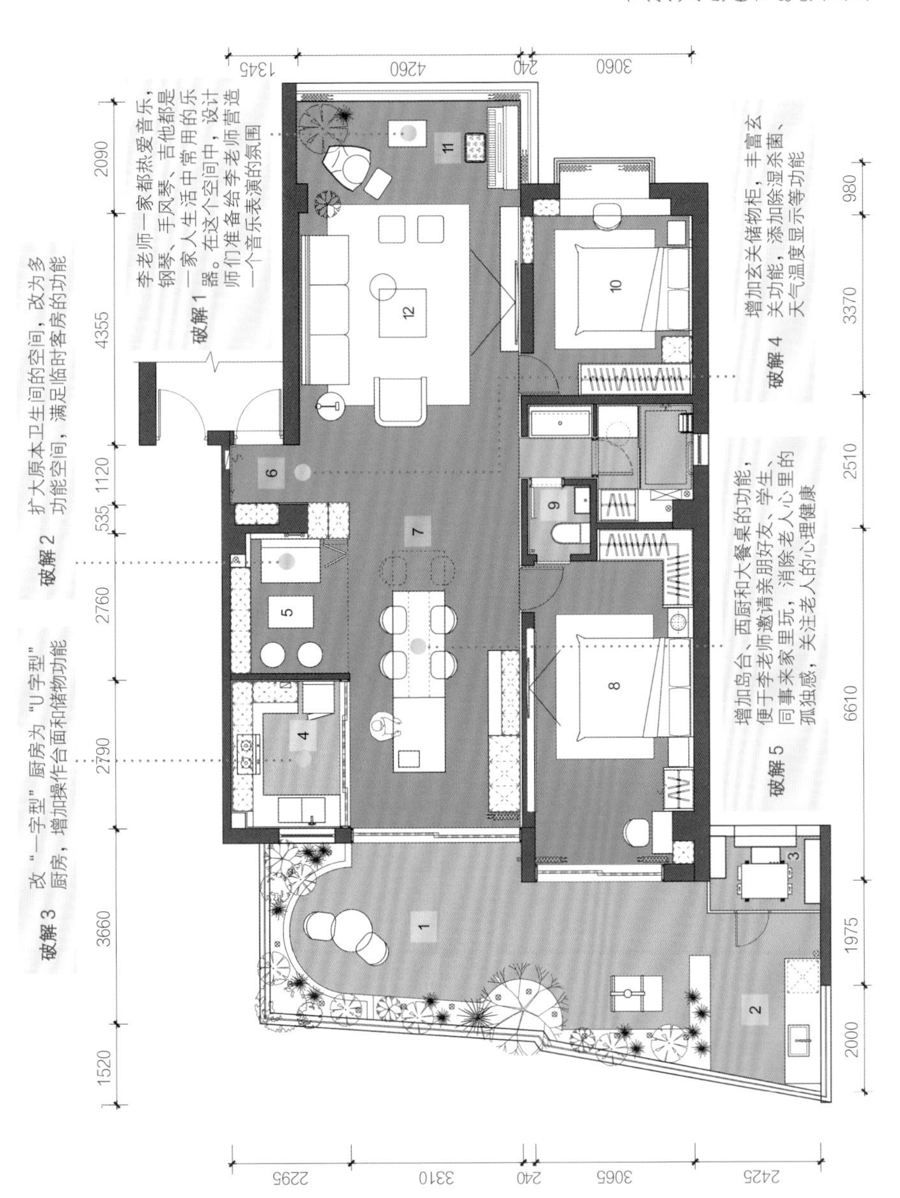

改造后平面图及问题的破解（一）

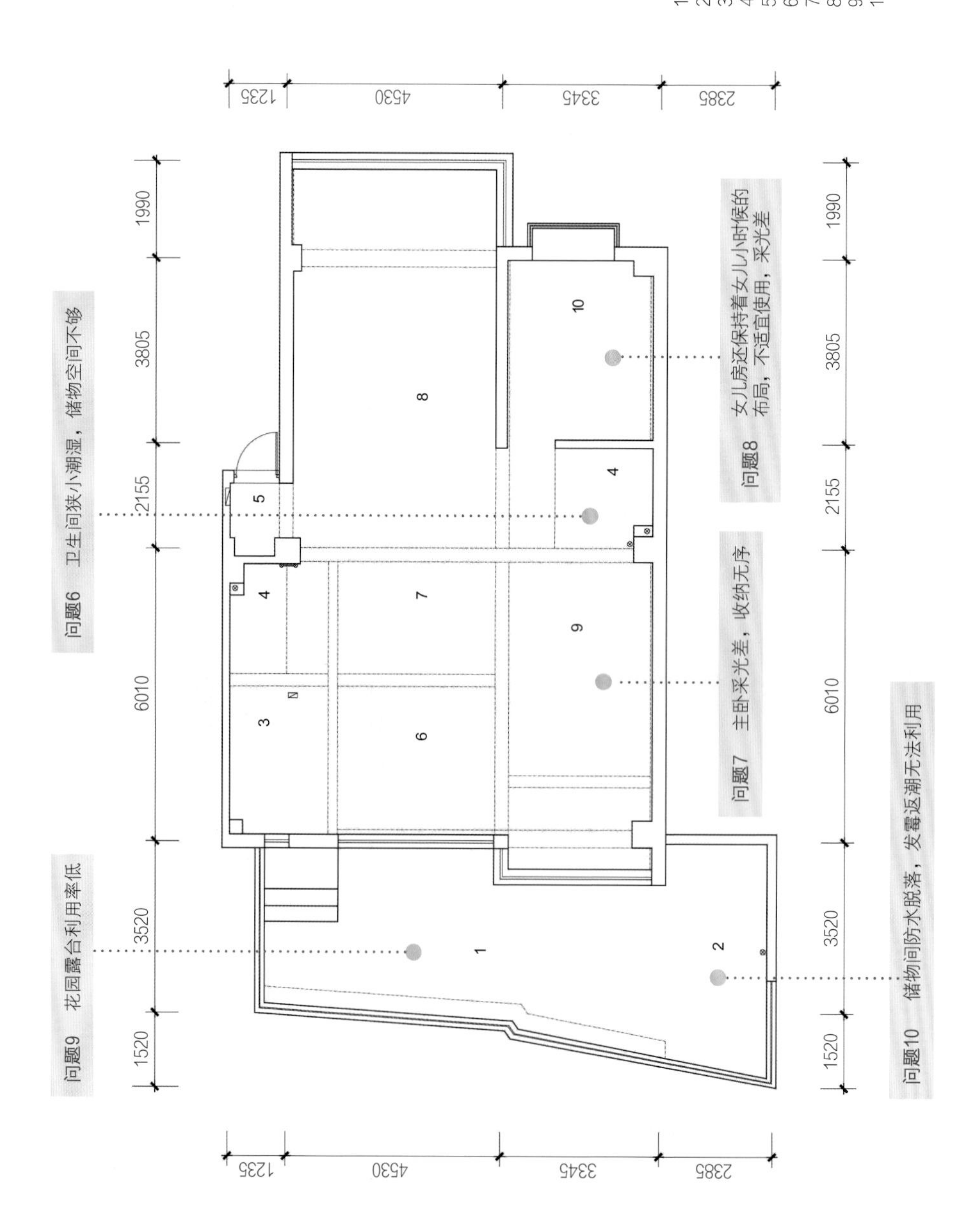

改造前平面图及存在的问题（二）

破解 9 花园增加老年人健身器材，便于老人锻炼；户外的卡座方便天气好时在花园里晒太阳，也和室内的餐厅形成沟通的氛围；花园植被养护采用先进的水肥一体化喷灌技术，定时浇灌方便照料；户外增加摄像报警设施，预防安全问题

破解 6 参考日式四分离卫生间，整合本项目两个卫生间的功能，使马桶间、淋浴间、盥洗区相互联系又能同时独立使用；洗漱台面参考日式极具收纳功能的台面，方便收纳各种杂物，增加泡脚的功能区，关注老人健康生活，使用电热毛巾杆、柜内除湿机解决卫生间潮湿等问题；淋浴房开窗增加自然采光与通风

破解 10 在花园的阳光房内集中洗衣房、储物间、设备房的功能，解决洗衣晾晒，设备排风、储物等需求

破解 7 拆除窗户防盗网和窗户下口，改为落地窗，增加采光通风；增加电视的功能丰富老人精神生活；增加扶手和小夜灯等适老化设计

破解 8 拆除飘窗，增加大梳妆台和储物功能，重新梳理空间布局

1. 露台
2. 洗衣房
3. 设备间
4. 厨房
5. 多功能室
6. 门厅
7. 餐厅
8. 主卧
9. 卫生间
10. 女儿房
11. 音乐表演区
12. 客厅

改造后平面图及问题的破解（二）

入户玄关在改造前，储物量明显不足，很多鞋子只能无序地摆放在柜子之外，易造成细菌滋生等卫生问题。改造前的客厅采光极差，整个屋子内光线昏暗、阴冷潮湿，给人一种很压抑的感觉，对于视力不好的李老师来说，无疑是雪上加霜。空间中散布的大量低梁与地台极易绊倒老人，造成伤害。

9

改造后，玄关处设置了出门即可提示天气及温度情况的镜子，为居住与出行做好准备。收纳柜的储藏空间大大增加，鞋子通过旋转鞋架进行收纳，并设有消毒鞋柜，更加卫生与便捷。

设计师通过改造原有的高窗，将视线降低，扩大了窗户面积，让窗外景色扑面而来。原来一直抱怨树木挡住视线的李老师，如今看到窗外葱郁的风景，仿佛置身森林，不禁惊叹连连。

9~11 改造前的客厅
12 玻璃窗增加了客厅采光
13 电视墙

14 以武侯祠为设计灵感的沙发背景墙
15 老物件的保留与使用
16 音乐表演区
17 光影斑驳的客厅一角

沙发背景墙以武侯祠为设计灵感而制作，为客厅注入浓浓的人文底蕴。电视墙和女儿房的入户门材质及造型统一连贯，干净利落。

针对李老师的视力问题，设计师将空间灯光进行了整体的优化，提高了灯光亮度，使得光感更为合理。针对低梁与地台繁多的问题，设计师拆除原始地面的高台让室内无障碍，以便李老师放心行走，同时采用弧线结构，尽可能减少原有厚梁带来的压迫感。

考虑到母女二人对音乐的热爱，专设音乐表演区，便于二人即兴演奏。设计师在设计过程中，接到了小区的临时通知，未来将安装电梯。整个音乐表演区的设置也为未来安装电梯开门洞提供了充足的空间。

对于旧物件的保留，既符合李老师本人的怀旧情结，又为空间带来了具体可感的时间温度。

餐厅处改造前是原有的客卧空间，窗外安装有防护栏，造成遮挡，采光条件很差，白天也需要开灯，关灯后的照度极低，远远低于正常标准。此外，空间利用率很低。

18

19

设计师拆除了餐厅与主卧外面的围栏，将高窗变为落地推拉门，极大改善了通风与采光条件。客卧被打通，全部纳入餐厅空间，与客厅贯通，开敞通透。同时将花园抬高，与室内地面齐平。花园下面架空，用万向支撑器支撑，布满新风管道，可过排水。采用防滑地砖，每一块砖都可以灵活取下，方便检修，同时使大设备远离室内，减少了噪声。原有的花园下沉很深，老人要下几步台阶才能走到花园。如今，花园与餐厅浑然一体，视线相通，家人在主卧室也能看到花园。

18、19 改造前的餐厅
20 采用电动吊柜门装置的备餐区
21 餐台布置小景

23

25

备餐区采用了电动吊柜门的装置，方便高处取物。中置的岛台外加可以拉伸的桌面，下面设置有大量收纳空间。桌面采用了旧有家具的老木头，既为李老师保留了回忆，又使老物件焕发了新的生机。整张餐桌平时可供 6 人同时用餐，拉开桌面后可供 10~12 人用餐，满足亲朋与学生来访时多人聚餐所需。餐桌旁设置的橱柜使小家电拥有更多的可收纳空间，让空间更加干净整洁。

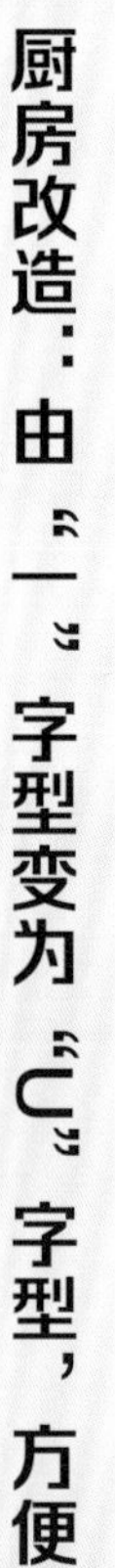

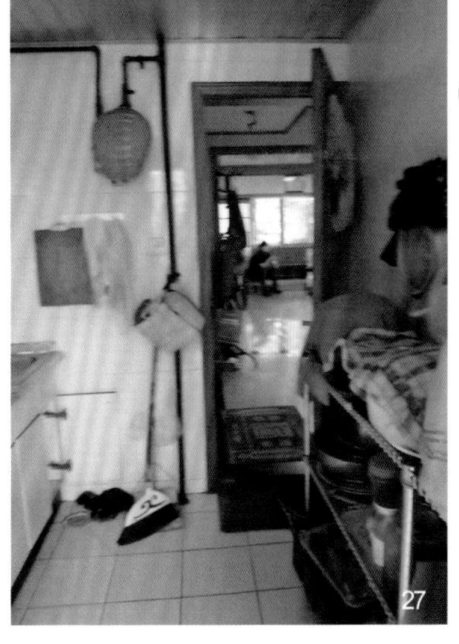

22 餐厅与花园相通
23~25 可伸缩餐台
26、27 改造前的厨房
28 改造后的厨房

原有厨房动线单一，设施老化，可用空间很小，窗户狭小，通风采光差，导致油烟无法顺利排出，整个环境油腻昏暗。空间下沉，容易发生安全事故。此外，厨房操作台面狭小，柜门间互相冲突，无法完全打开。另外，厨房物品堆放杂乱，缺乏有效收纳空间。

改造后的厨房布局由“一”字型变为“U”字型，增大了储物空间，更加方便使用。地面采用防滑地砖，确保老人的安全。将原本放在餐厅的冰箱移进了厨房，让餐厅更加宽敞。厨房使用了保障用水用气的防浸水报警器和煤气报警器，并且加装了前置的净水器以保障设备设施的使用寿命和用水安全。使用消毒菜板和厨房专用垃圾桶，保障日常生活中的安全与健康。为获得最大限度的采光与通风，设计有效处理窗户与水槽龙头之间的关系，采用了内导平移窗。改造前窗户在橱柜上方开启，老年人开关窗户很不方便；改造后采用电动门窗，方便了日常使用。根据李老师的身高以及橱柜的高度，利用电动五金件实现下拉，可以用脚打开抽屉，避免了弯腰。

多功能室改造：将原有卫生间之一改造成集客房、茶歇、阅读于一体的空间

29

30

多功能室在改造前是原始户型的卫生间之一。原始户型一共有两个卫生间。考虑到使用频率与整体空间布局，设计师保留了一间卫生间，并将另外一间卫生间改造为多功能室。

多功能室保留了客房功能，集客房、茶歇、阅读三个功能区域于一体。多功能沙发可以变身为一张床，供来访的客人使用，还可以升高变为茶几，用来喝茶。百叶折叠门可用来保护隐私，平时作为沙发，可以让居住者放松地坐在上面进行阅读。墙上的木质丙烯挂画可以拿下来变为折叠椅，供客人使用。

卫生间改造：四分离式卫生间的打造

原有卫生间是暗卫，通风采光条件很差，布局不合理，设施老化，格外潮湿，晾晒衣服不容易干，有些甚至浸水发霉。洗衣机返潮，存在安全隐患。卫生用品占用了洗漱台面大部分空间，显得凌乱不堪。

设计师取消了原有的次卫，保留了主卫，优化动线，并扩大了主卫的面积。与物业协调后，在卫生间的侧面开窗，改善了原有的通风采光条件。设计师将卫生间改造为适合中国人使用的四分离式卫生间，包括盥洗间、马桶间、更衣泡脚间和淋浴间，四者之间互不影响。盥洗间的镜柜与隔板将收纳做到极致。马桶间增加隐形门，通向主卧，并设置独立的洗手台，方便李老师夜晚上卫生间。专为李老师设计的更衣泡脚区域，设置有洗脚盆、坐凳，更衣时可以将衣服放在坐凳上。将坐凳拉开露出洗脚盆，可以直接洗脚，并且接水、排水一键完成。墙上的平板电脑支架则让李老师可以边泡脚边看剧，享受身心的放松时刻。淋浴间的空间面积很大，方便转身，足够李老师与未来看护人一起使用。

32

33

34

29、30 改造前的次卫
31 改造后的多功能室
32、33 改造前的主卫
34 改造后的主卫

女儿房改造：柔和的橘粉色梦幻空间

35、36 改造前的女儿房
37~39 柔和的橘粉色空间
40 明亮舒适的阅读空间

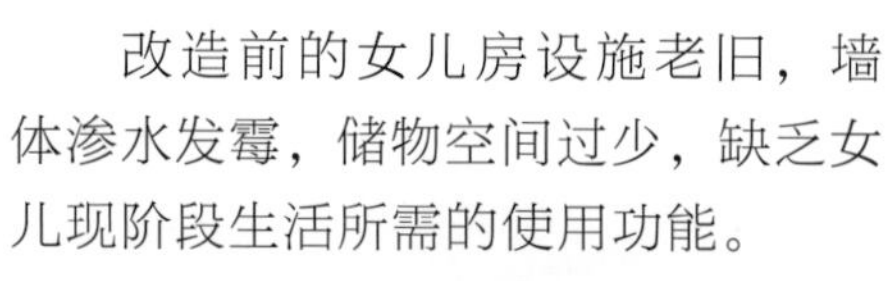

改造前的女儿房设施老旧，墙体渗水发霉，储物空间过少，缺乏女儿现阶段生活所需的使用功能。

39

改造后的女儿房更加符合女儿的实际生活需求。同样从事教师职业的女儿，回家的时间基本只有周末和寒暑假。根据女儿现阶段的生活需要，在房间内布置了超大的化妆台和可以储物的书柜抽屉，既可作为书桌备课亦可化妆。设计师利用客厅墙面的厚度以及不能拆除的飘窗，设计了大书架。除此以外，房间采用了电动门窗的设计，方便日常操作。

柔和的橘粉色调，用低饱和度装点出女儿房的清丽温柔。窗外葱郁的树枝伸过来，阳光透过枝叶的缝隙洒落进来，在飘窗上投下跳跃的光影，斑驳而灵动。

40

高窗与防护栏严重阻碍了视线，导致改造前的主卧采光条件极差。如果窗外的衣物晾晒过满，甚至会把光线完全遮挡住，使屋内昏暗如傍晚一般。此外，主卧的储物空间也严重不足，暗色衣柜上方堆积着大大小小的盒子，把空间填满到喘不过气来。

41

42

改造后的主卧，拆除了原有高窗，变为落地大窗，设置推拉门，极大地改善了通风采光。从主卧到花园的动线更加流畅。家具采用浅色，使光线更加明亮，增设柜体收纳，让空间井井有条的同时，获得了更多的呼吸空间。

房间内设置了带灯光的扶手、感应地灯，以及通往马桶间的暗门，方便李老师半夜起床上卫生间。在衣柜的一侧，设计师还设计了一个看护床，为未来照顾李老师的人提供了休息之所。

43

41、42 改造前的主卧
43 改造后的主卧全貌
44 改造后的梳妆台位于光线处
45~48 可收纳至衣柜里的看护床

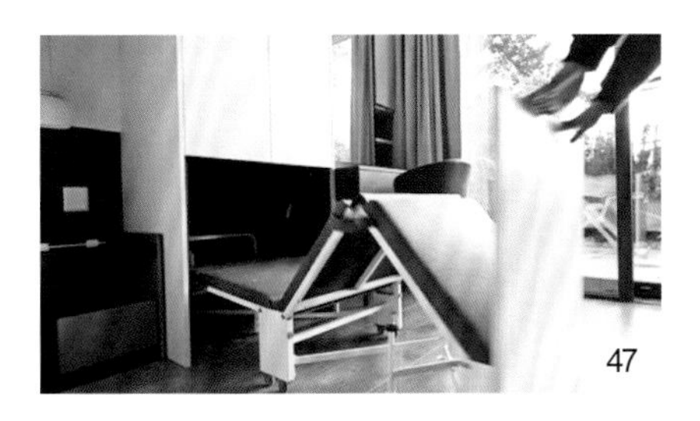

提醒每日按时吃药的药盒为李老师的生活提供细节关怀。设置了隐藏电视机，利用可推拉滑拉门进行遮盖，以免电视机的反光影响老人的睡眠。并通过有效的光线隔离、调节适合的温度、专门定制的适合李老师个人的床垫，以及特调精油香薰与植物香氛系统来改善李老师的睡眠情况。

李老师以前只能蹲着使用梳妆台，加剧了腰疼。为此，设计师将梳妆台进行了优化与改造，并放置在采光最好的地方，极大地方便了李老师的使用。

改造前的花园破败荒芜，利用率很低，高差梯步易导致老年人摔倒，安全防盗措施差。

52

改造后的花园焕然一新，原生态的热带雨林之感扑面而来。原有下沉花园需要下几节台阶才可到达，改造后的花园整体架空，将室内外的高差抹平，同时将设备管线放置其中，极大提升了空间利用率。

设计师沿着花园的墙边设计了花池，方便李老师种花种菜。水肥一体化的设施可以自动供水，照顾到了李老师不能弯腰浇水的不便。此外，花园内蚊虫很多，设计师专门设置了驱蚊系统，这样即使打开房门，蚊子也不会飞进室内。针对安全防护措施差的问题，专门增加了防盗报警及监控设施，切实保障李老师及家人的安全。

花园中还设有健身器材，让李老师足不出户就可以在家中锻炼身体，活动筋骨，打发闲暇时间。

49、50 改造前的花园
51、52 改造后的花园

一室亦园

——退休夫妇的晚年生活居所

项目地点：江苏省南京市鼓楼区嫩江路
项目面积：100 ㎡
居住人数：老夫妻 2 人
设计公司：尺度森林 S.F.A
主创设计师：顾嘉、钟山
摄影：Luz Images、尺度森林 S.F.A

1

1 院落般的客厅
2 木质廊洞与卧室一角

设计主旨：将旧居所改造成中式园林般的居住空间

此公寓位于南京一座高层住宅内，北侧紧临秦淮河和千年石头城遗迹。房主夫妇即将退休，希望把现有的三室两厅公寓改造为适合他们二人晚年生活的居所。设计师们在设计时有意打破封闭的房间，将三室两厅变为一室一园，由原始的线性流线变为环形流线。起居空间界限被打破，走过曲折的廊道，内窗外窗的框景让视线变幻丰富。设计将功能与走道结合，使用起来有中式园林里的居游体验，十分有趣。

3 客厅改造前
4~6 走道改造前
7 书巷北望
8 层叠的木空间

改造前

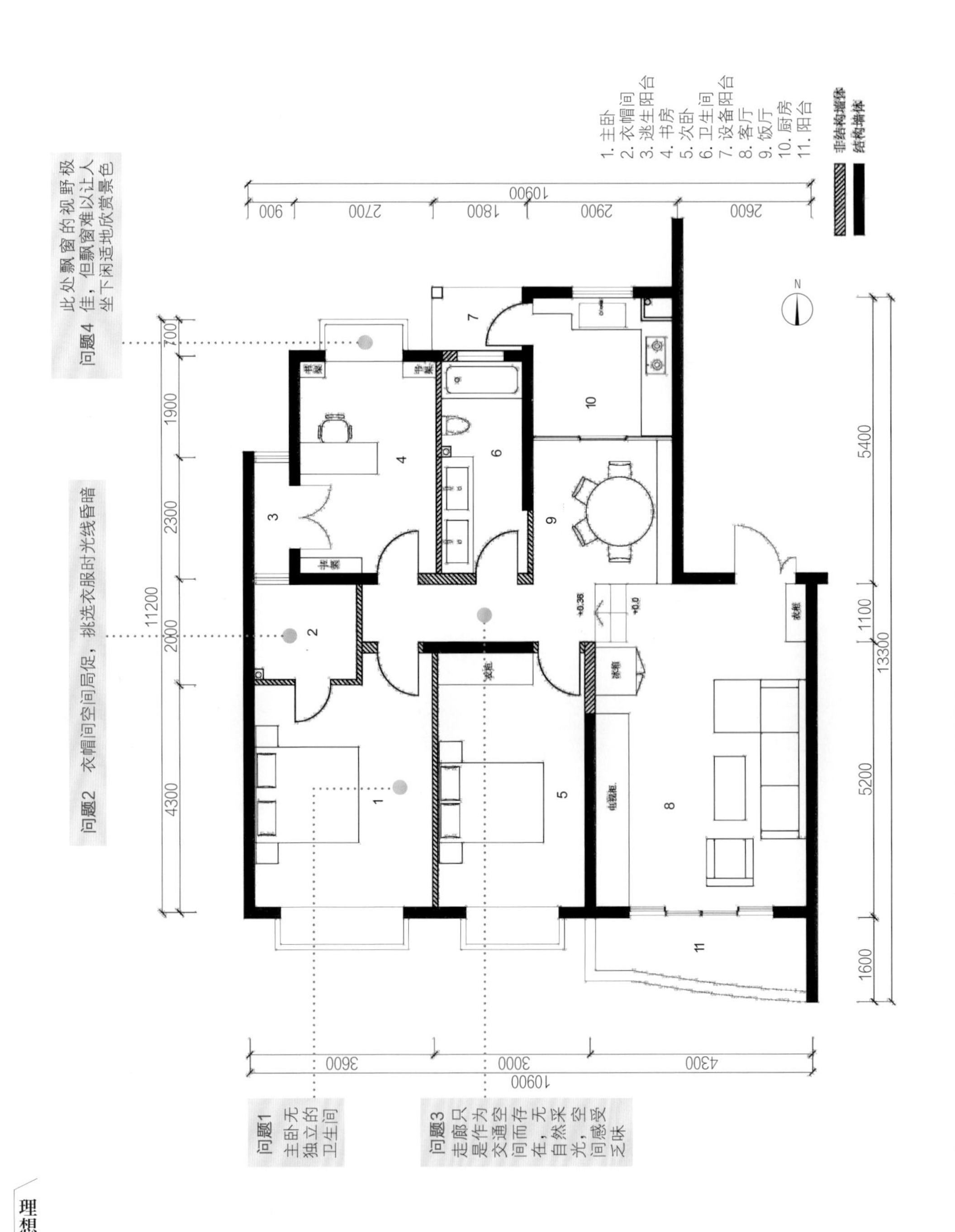

改造前平面图及存在的问题（一）

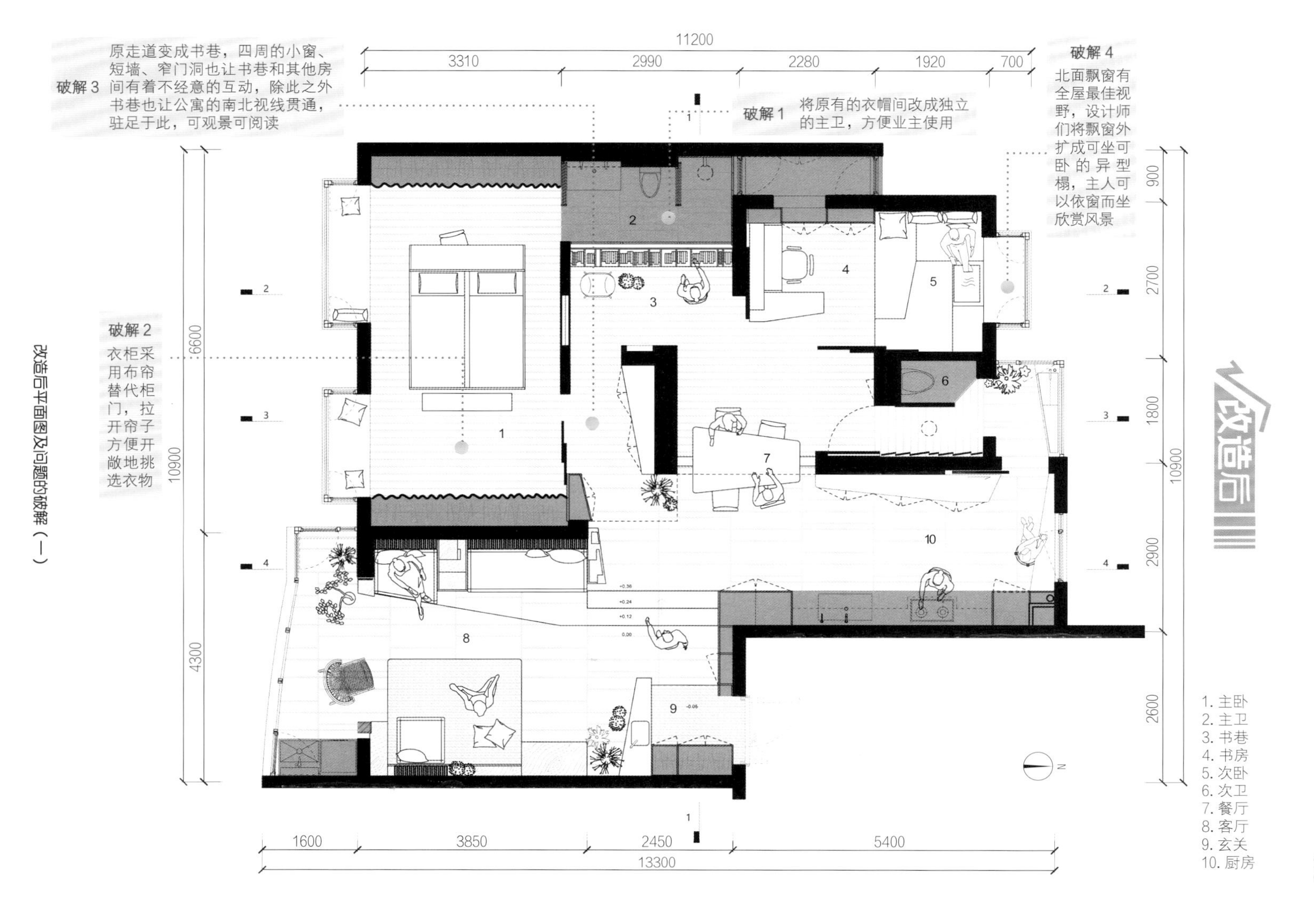

改造后平面图及问题的破解（一）

改造前

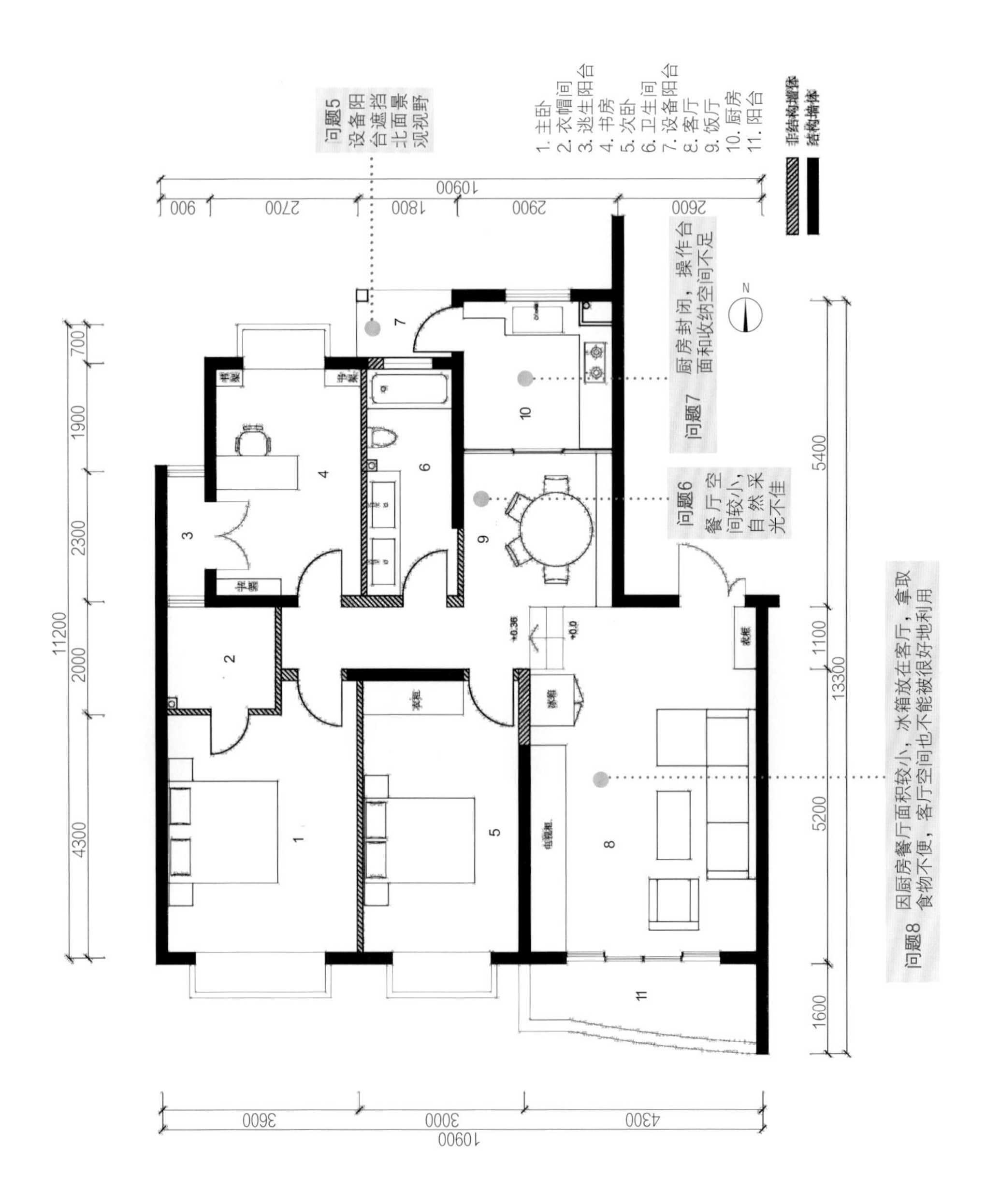

改造前平面图及存在的问题（二）

改造后

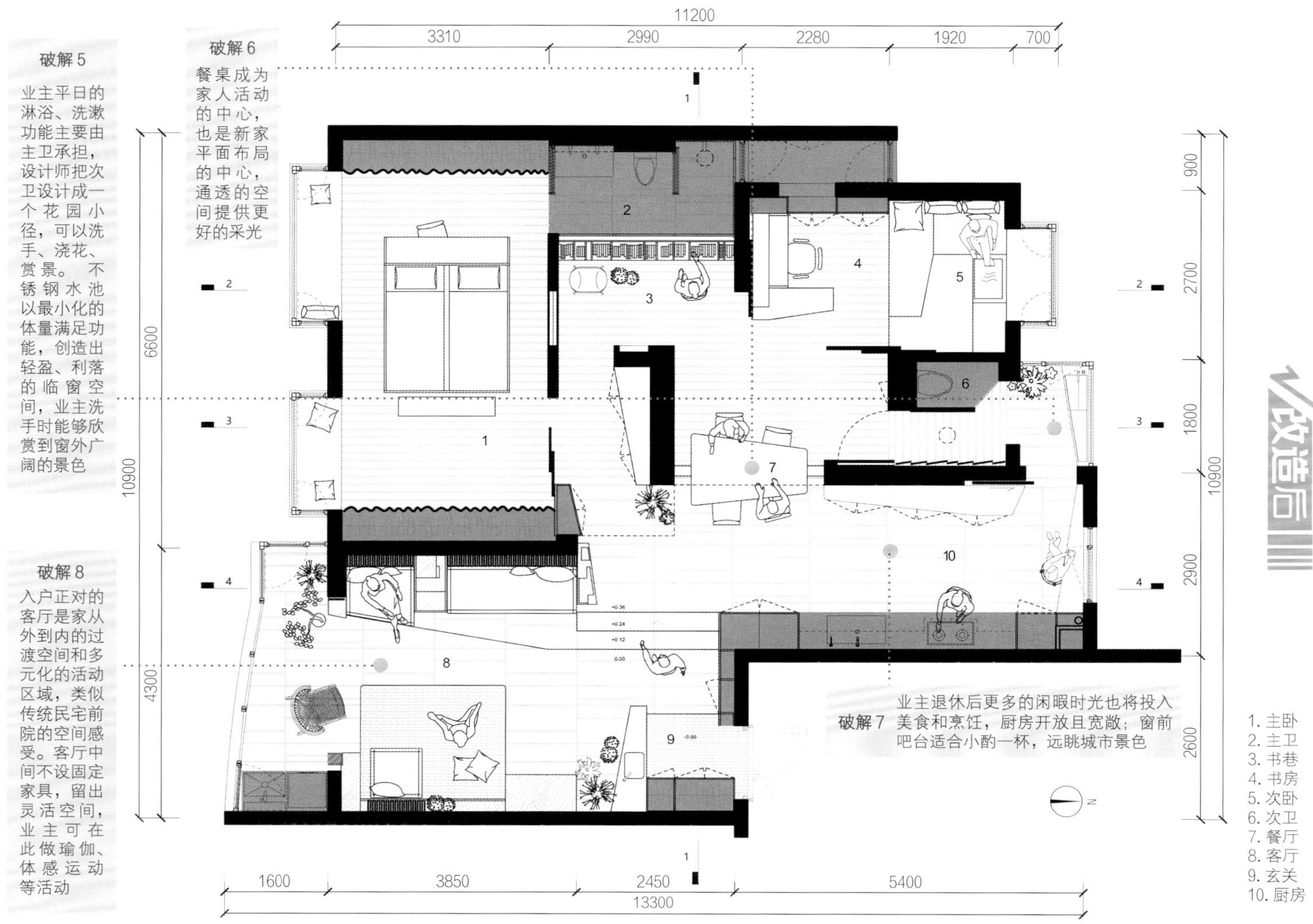

破解 5

业主平日的淋浴、洗漱功能主要由主卫承担，设计师把次卫设计成一个花园小径，可以洗手、浇花、赏景。不锈钢水池以最小化的体量满足功能，创造出轻盈、利落的临窗空间，业主洗手时能够欣赏到窗外广阔的景色

破解 6

餐桌成为家人活动的中心，也是新家平面布局的中心，通透的空间提供更好的采光

破解 7 业主退休后更多的闲暇时光也将投入美食和烹饪，厨房开放且宽敞；窗前吧台适合小酌一杯，远眺城市景色

破解 8

入户正对的客厅是家从外到内的过渡空间和多元化的活动区域，类似传统民宅前院的空间感受。客厅中间不设固定家具，留出灵活空间，业主可在此做瑜伽、体感运动等活动

改造后平面图及问题的破解（二）

9

设计师们针对老年人的生活习惯和情感需求优化了一系列功能，给房主夫妇的退休生活带来新鲜的体验。他们可以在院子般的多功能客厅里养花弄草、玩体感运动，可以在书巷里阅读、小憩，也可以在北面飘窗前边泡脚边欣赏秦淮河风光。家的中心围绕就餐和烹饪展开，方便房主和亲朋社交相聚。

9 隐藏在观景榻里的泡脚池
10 厨房
11 客厅使用场景
12 篱笆靠背和沙发
13 从厨房看向客厅

入户正对的客厅是家从外到内的过渡空间和多元化的活动区域，类似传统民宅前院的空间感受。设计师们对台阶、石头、篱笆、花架等景观元素进行适度的转译，并顺应原公寓的错层高差，创造景观化的沙发区域，赋予客厅户外院子的空间感受。

沙发靠背作为客厅的边界，如同院子的边界——篱笆一般轻透。设计师用木皮冷弯的工艺制作出适合倚靠的木环，以此改变普通沙发靠背的厚重体量。“篱笆”靠背十分轻便，易于调整摆放位置，适合多元化的使用场景。客厅中间不设固定家具，留出灵活空间，业主可在此做瑜伽、体感运动等活动。

14 从木质廊洞看向书巷
15 从木质廊洞看向玄关
16 从书巷看向主卧
17 卧室和书巷间的开窗

木质材料围合出安静温暖的就餐、阅读、休闲空间，最大限度地呈现公寓在对角线上的视觉进深。各空间有种嵌套着层层递进之感。木质廊洞是暗示进入一系列放松空间的入口，也是卧室和其他空间的过渡。廊洞的顶为原公寓的旧木地板，原公寓旧木地板被再利用后成为新家的一部分。旧木地板为非洲圆盘豆实木地板，表面做暗红色的封闭漆。经过二十多年的使用后，表面色泽暗淡且带有划痕。设计师们对旧木地板进行压刨后，发现圆盘豆本身的纹理色彩十分丰富，与原有的深红色截然不同。因此重新设计了不同的加工安装方式，分别运用在木廊洞吊顶、次卫淋浴木垫、主卧窗框和一些居家小物件上。

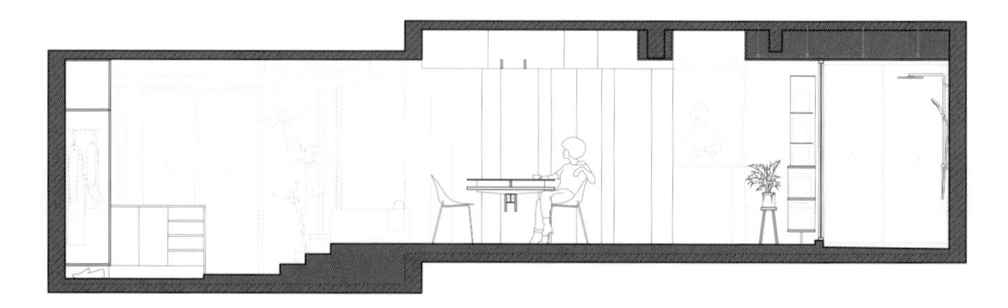

玄关－餐厅－书巷－主卫剖面图

主卧－书巷－书房剖面图

从木质廊洞步入书巷，就立刻进入了被书包围的静谧空间。四周的小窗、短墙、窄门洞也让书巷和其他房间形成不经意的互动。书巷让公寓的南北视线贯通；从卧室窗口经书巷望向书桌、观景榻再看到窗外的景色。人在这里可以驻足停留，挑选一两本喜欢的书或是看看相册，在安静的角落阅读小憩。

原公寓朝南的 2 个卧室被合并成 1 间主卧，每天 6~8 小时的阳光从两个南向飘窗照进主卧，让休息者充分感受到阳光的暖意。房主需要 2 张可升降单人床，避免睡眠互相干扰。设计师们设计的床架和床头桌将 2 张单人床有间距地合并，营造出亲密又独立的寝具。衣柜采用布帘替代柜门，拉开帘子方便开敞地挑选衣物，合上帘子给卧室带来柔软的包裹感。

北面飘窗有全屋最佳视野。设计师们将飘窗外扩成可坐可卧的异型榻，压低吊顶，形成有包裹感的休息空间。房主可以依窗而坐欣赏风景。榻中间的缺口可以放置搁板形成完整的床，拉上 3 扇移门，该空间便成为一间舒适的次卧。榻靠窗的垫子下方设有石质泡脚池，房主在此可以边泡脚边欣赏河滨风光。

公寓北面拥有南京秦淮河石头城和电视塔的优美风景。改造前的北面书房、次卫和厨房的房间隔墙阻隔了风景和光线进入公寓的其他区域。新设计打破原先各房间的封闭感，通过短墙和门的组合创造可开放可围合的灵活空间。门关闭时，各空间保持独立功能；门打开时，整个公寓都能感受北面风景。

18 主卧
19 观景榻
20 主卧飘窗
21 公寓对角方向视线

次卫被赋予了洗手、浇花、赏景等全新功能

22

业主平日的淋浴、洗漱行为主要在主卫进行，设计师们把次卫设计成一个花园小径，可以洗手、浇花、赏景。不锈钢水池以最小化的体量满足功能，创造出轻盈、利落的临窗空间。房主每次洗手都能欣赏到窗外广阔的景色。淋浴区墙面延续木材的质感，采用防水桦木层板。原公寓的旧木地板经压刨、打磨并擦上防水木蜡油后被重新用到了次卫地面上，木地板背面已有的槽缝提供了防滑功能。次卫打造出在狭窄空间里沐浴时温暖、被包裹的氛围，而看向窗外又是开敞之感。

22 次卫的秦淮河景
23 次卫一角

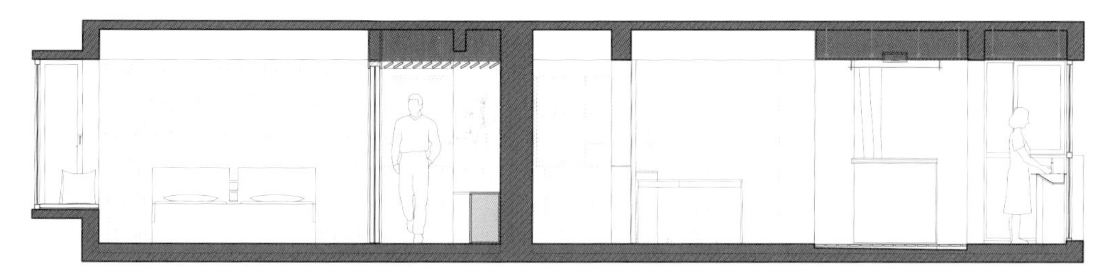

主卧 – 书巷 – 次卫剖面图

23

子女探望、亲朋小聚的主要活动都发生在餐桌上。房主退休后更多的闲暇时光也将投入美食和烹饪。餐桌成为家人活动的中心，也是新家平面布局的中心。餐桌面板为不锈钢材质，冷峻的金属感与温馨的木材质形成对比。两片剪力墙间固定的工字钢梁承托起整张餐桌，和吊挂的餐柜在横向视觉上构成起伏的连续性。

24 餐桌北望
25 从餐桌看向厨房
26 橱柜

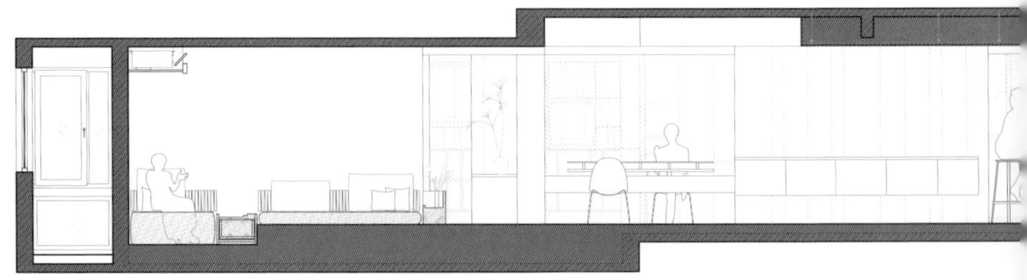

客厅 - 餐厅 - 厨房剖面图

25

26

包裹的书核

——以书核为改造核心，打造利于儿童阅读的生活空间

项目地点：上海市静安区
项目面积：83 ㎡
居住人数：3 人
设计公司：大海小燕设计工作室
主持设计师：郭东海、燕泠霖
摄影：郭东海

1

1 藏书与阅读空间
2 书架墙

3

4

5

6

项目为一处学区房，户型较为奇特，家庭需求是以孩子学习成长为中心的。设计师们打破了传统厅室概念，重新整合房屋的序列。由书包裹而成的核心是家的中心，将下厨、就餐与阅读、就寝等由动到静的行为在空间中形成一个渐进的序列，让核心空间与序列空间在这个小小的房子里进行对话。

3、4 改造前后使用的新旧材料对比
5、6 卫生间改造前后对比
7、8 阳台改造前后对比

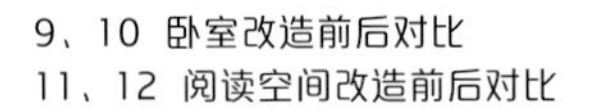
9、10 卧室改造前后对比
11、12 阅读空间改造前后对比

11

12

改造前

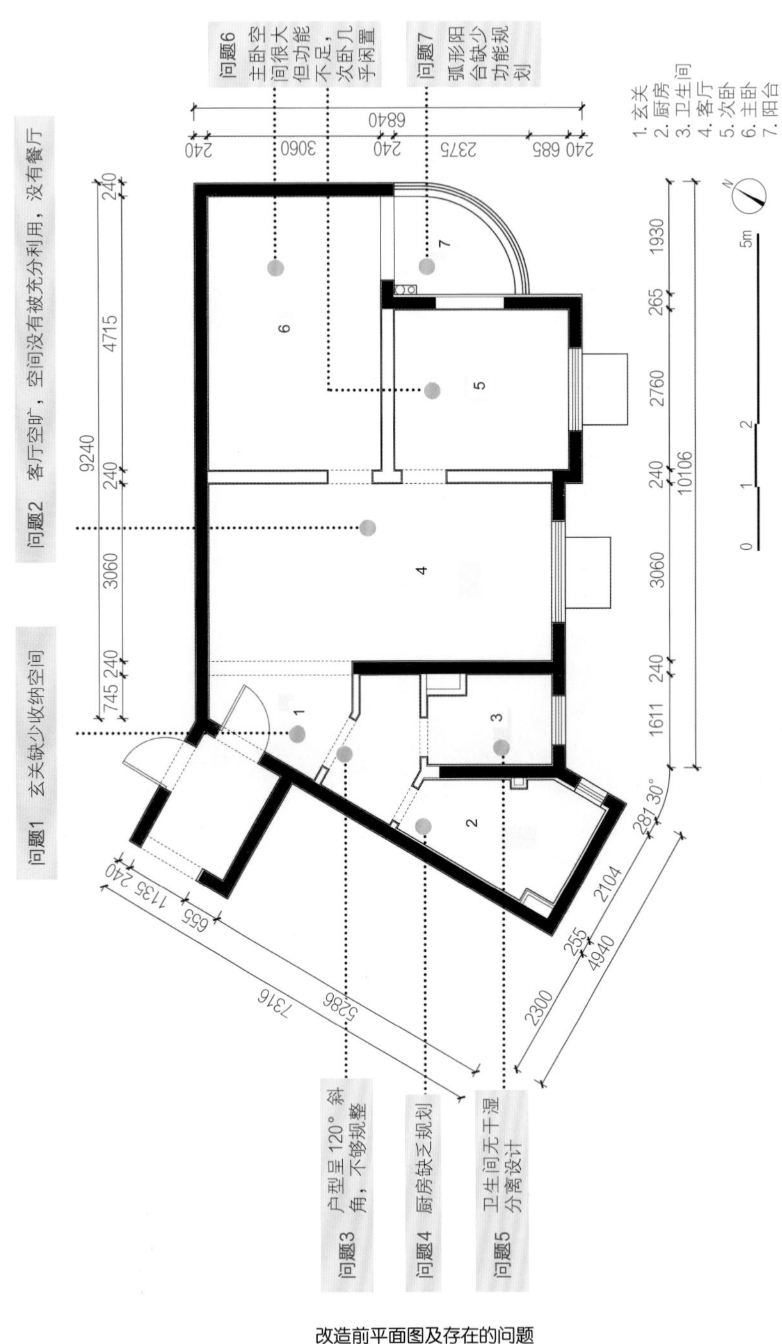

改造前平面图及存在的问题

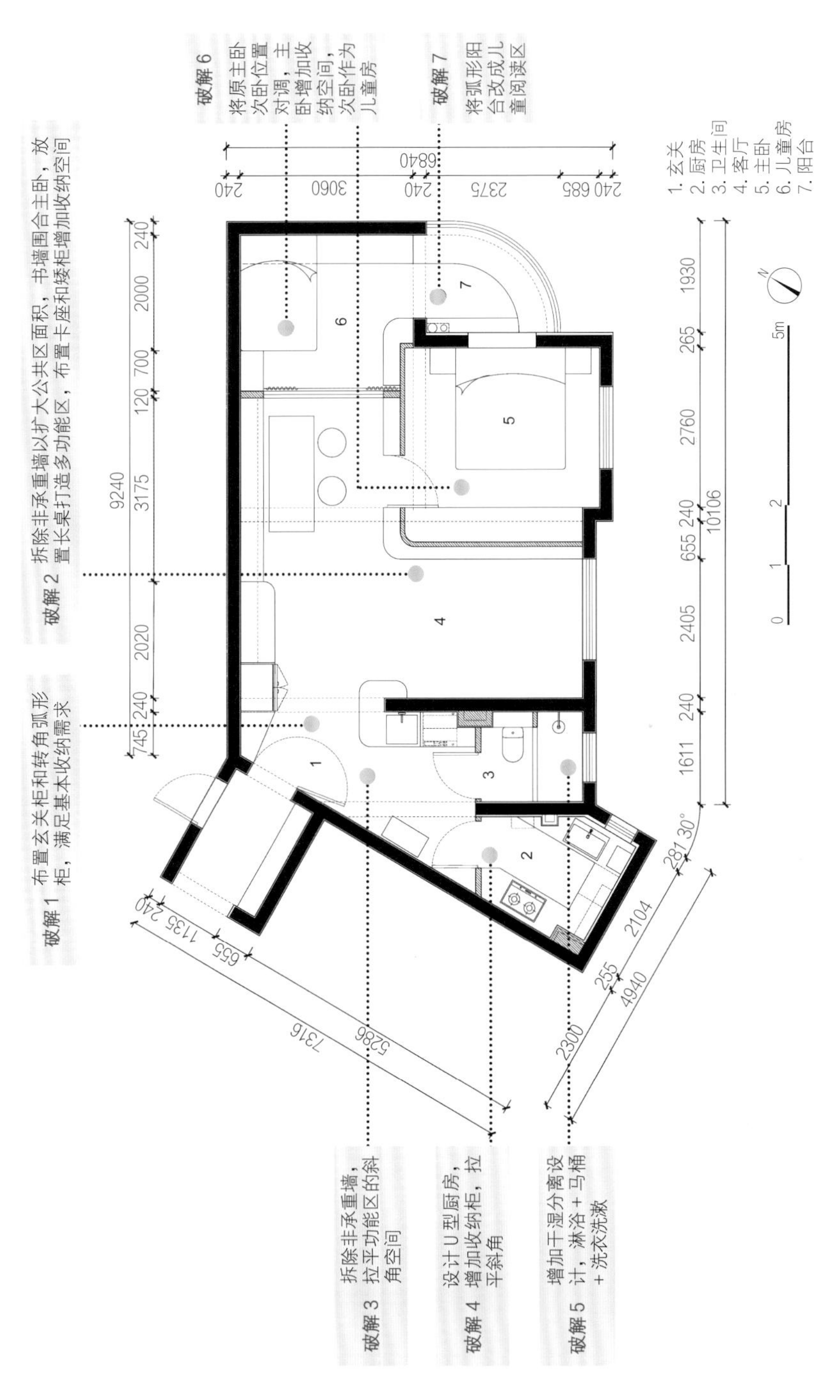

改造后平面图及问题的破解

房屋设计的核心：书核

原有的非承重墙几乎都被设计师们拆除，用三面围合的书架来建构父母就寝需要的墙体，用最薄的砖来砌筑，也能保证一定的隔声性能。这样的好处是能带来最大量的藏书，并且在家中的不同空间（客厅、餐厅阅读区、儿童房）都能做到随手可取。孩子在最初成长的几年中，行为习惯的培养非常重要。设计师们相信空间的布局能影响人在空间中的行为。

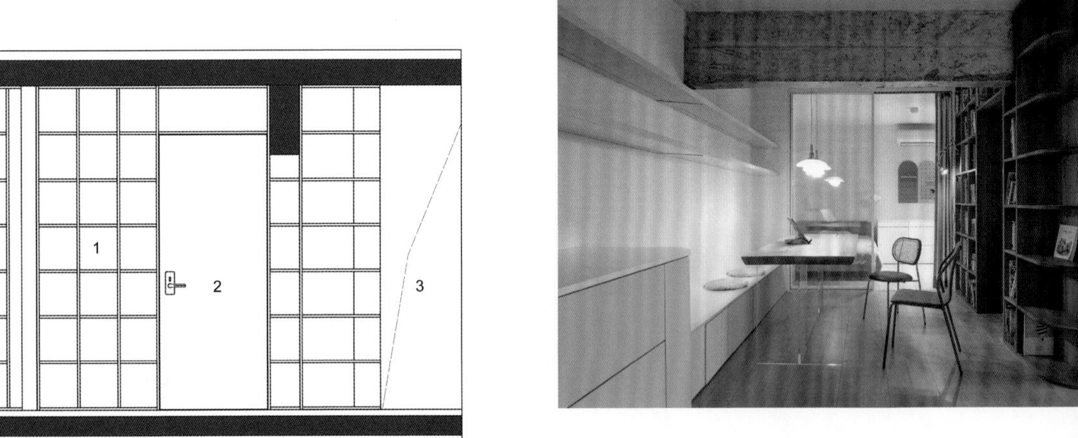

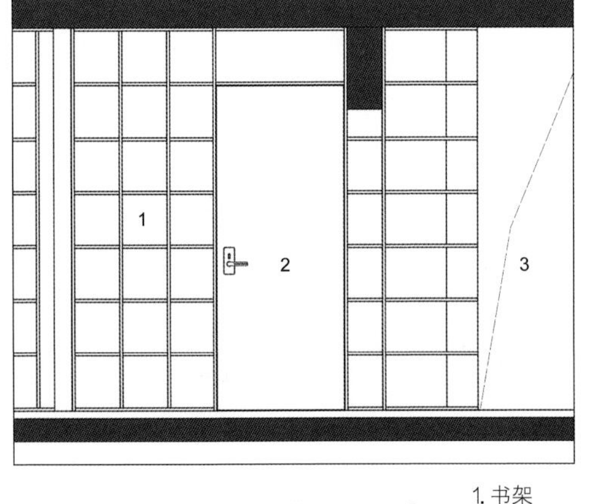

0 1 2m

1. 书架
2. 卧室
3. 客厅

书架剖面图 1

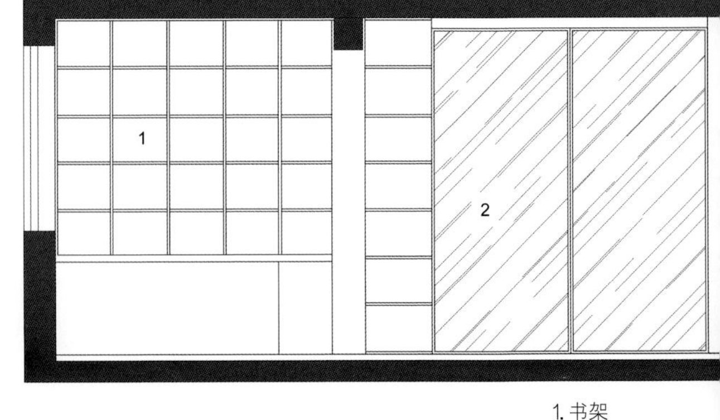

0 1 2m

1. 书架
2. 玻璃推拉门
3. 衣柜

书架剖面图 2

13 儿童卧室
14 书架被当作隔墙使用
15 隐藏在书架之中的通往卧室的门

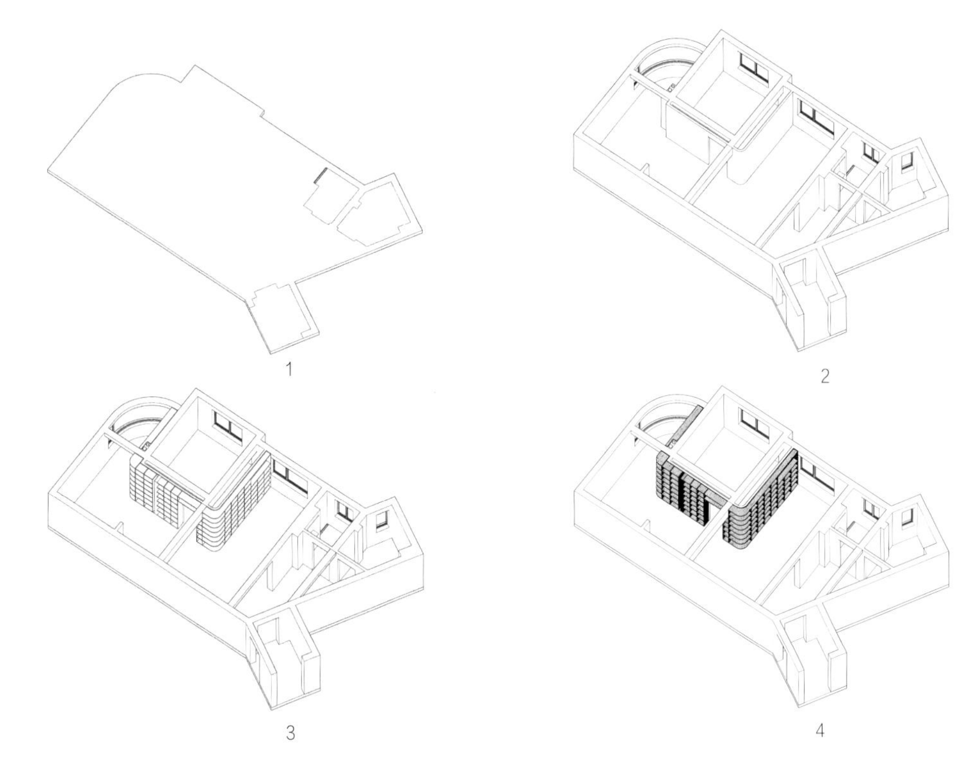

书架模型生成图

16 由卧室看向长书桌
17 室内概览（日景）
18 室内概览（夜景）
19 书架上的存储空间

18

19

空间的序列是渐进的。从入口的玻璃展示橱、冰箱与蒸烤箱操作台、承载吃饭和学习手工的大长桌，到孩子房间的私密活动，这一切都是开放有序的。家人之间没有视线的死角，公共空间做到了最大限度的共享。

大长桌和书架是家庭活动的中心，从两个卧室都能分别看到书桌。孩子在阅读、写作业的时候，家人可以有独立的空间，却又不会完全看不到孩子，空间布局再一次对行为有了新的定义。

长桌上方的长隔板可以放置更多的书籍和玩具，用这样 4m 通长的隔板能够增加空间的纵深感。序列是在这个方向上依次排开的。

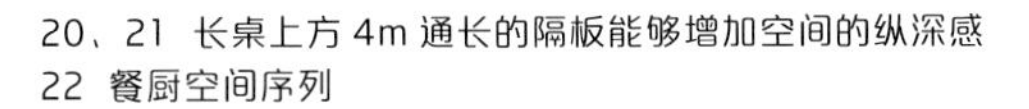
20、21 长桌上方 4m 通长的隔板能够增加空间的纵深感
22 餐厨空间序列

23 洗漱台位于阅读区和家务区中间
24 洗漱台细部
25 由弧形阳台改造而成的儿童阅读区
26 从书架墙转角处看长书桌
27 新旧材质细部对比
28 新旧材质的对比

24

设计师们强调空间中的对话，是希望能增加人在空间中的互动，所有的行为不应该是孤立的。围绕着不可去除的承重墙，让它的两侧作为阅读活动区和家务区，让大人和孩子在家中能够平等相处、互相守望与互动。这是空间对人的影响。

材质的使用：新与旧的对话

空间中的材质很简单，淡淡的黄绿色复古墙漆和樱桃木的书架家具，还有几根拆旧后留下的很低的混凝土梁，干脆就裸露了，保留一些旧的元素，在空间中留下一些与过去对话的可能性。

27

26

28

北京大院公寓 T101 改造

——70年老公寓的非典型微改造

项目地点： 北京市朝阳区
项目面积： 50 ㎡
居住人数： 3 人
设计公司： 诺亿设计研发 ROOI Design and Research
主创设计师： 王左千、何丹
项目经理： 沈佳记
摄影： 金伟琦

1 开放式生活区
2 多功能空间

始建于 1953 年的三层老公寓最早是给科研单位的家属楼，是曾经象征着“现代化”理想的住宅群。这是一栋典型的砖混结构建筑，每一户 $50m^2$ 的室内空间有着均质化的格局，千篇一律。受当时的观念和条件限制，居室无客厅餐厅和洗浴功能。这是当时城市民用建筑的普遍格局。

这栋建筑自从建成以来就开始自由地变化生长，跟随这里的住户和时代的变迁不断变化着。无论从内部还是外部，看起来都与其刚刚建成时有很大不同，但本质又没有变，就好像在潮湿环境中放久的土豆，不断发出新的芽。这些都是生活和时代给这座建筑留下的痕迹。

3~5 一天中不同时间的建筑外立面
6 T101 改造前
7 入口
8 开放式生活区
9、10 过道

5

6

7

这里曾经居住着科研单位的职工家属，但如今这里的住户混合了没有条件搬走的老住户以及一些附近的大学生。这座公寓在城市中的价格相对便宜，但是它年久失修，缺少吸引力和新生活力。

公寓户型尺度较小，当时的外部规划又留下了很大绿地空间，和如今城市中的高层建筑形成了鲜明对比。这里反倒是留下了一些“有温度”的生活景象，例如一些为自家门前花园盆栽浇水的老人们的身影。

8

9

10

改造前

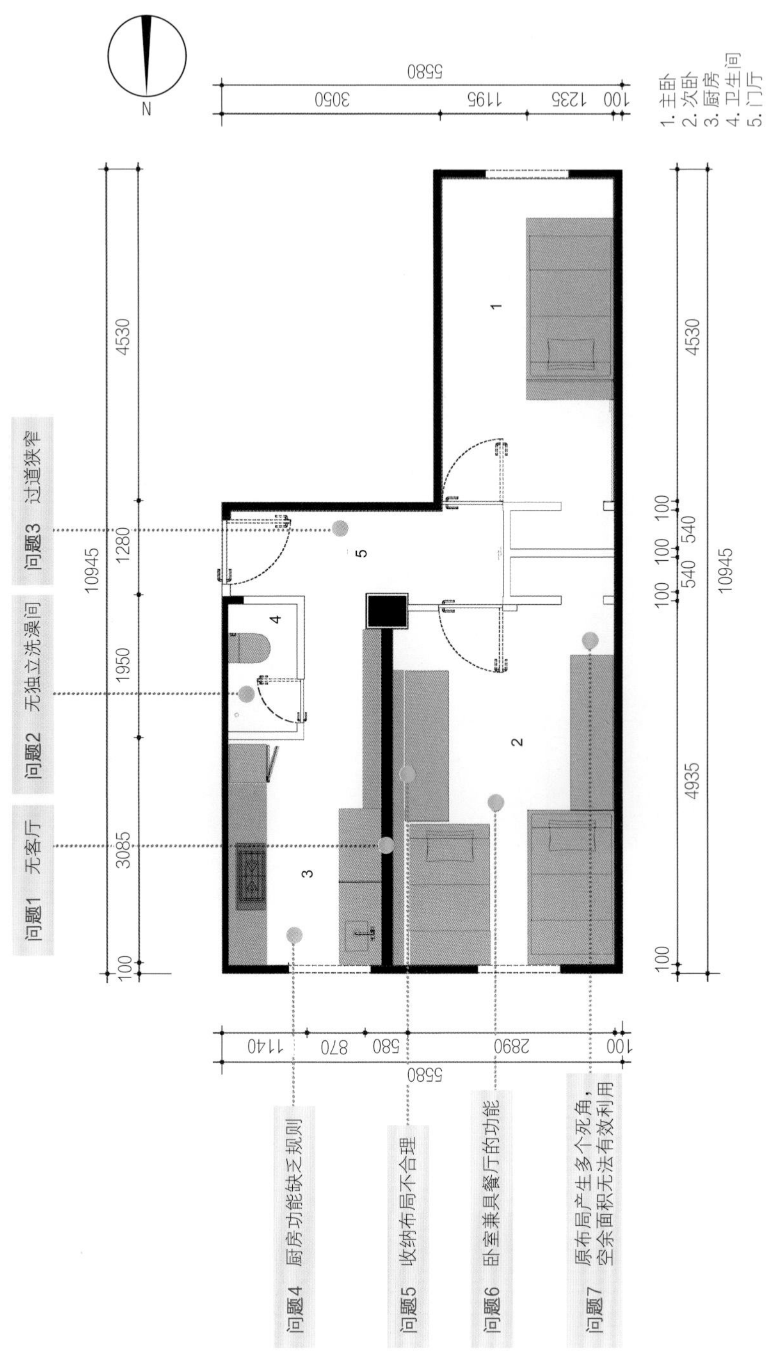

改造前平面图及存在的问题

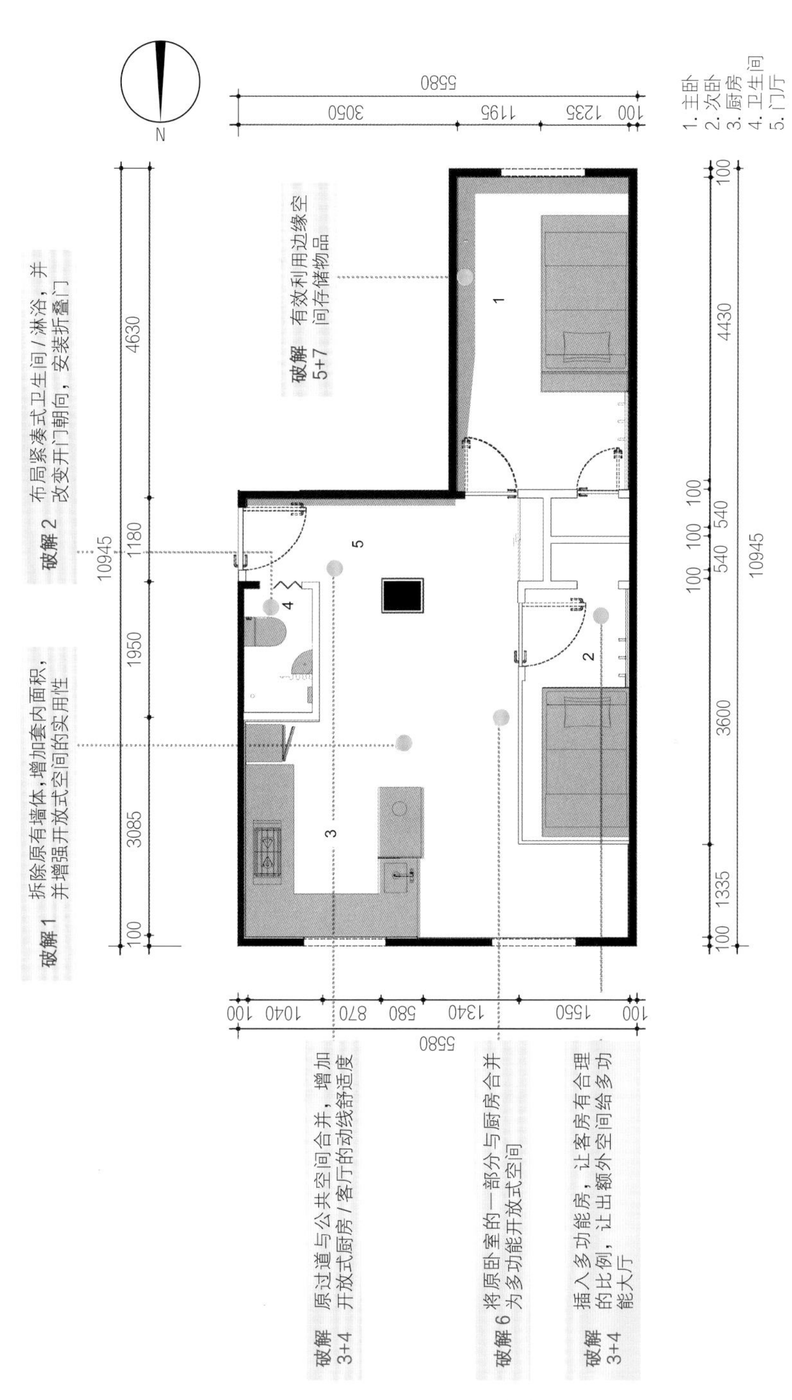

改造后平面图及问题的破解

为了打破旧格局，营造现代化宜居功能，设计师必须在狭小空间中通过巧妙构思，设计出卧室、客厅、餐厅和干湿两用卫生间。这样既有老房年代感又不乏现代化宜居享受。

无论如何，当时建成的公寓还是老去了，但城市中的年轻人仍然需要新的生活。老房子在城市里虽然便宜，但无法适应新时代，所以如何让这座 20 世纪 50 年代的集体公寓适应、融入现代城市生活并且保留历史的痕迹，甚至恢复被逐渐破坏的绿化区域是本项目的核心。

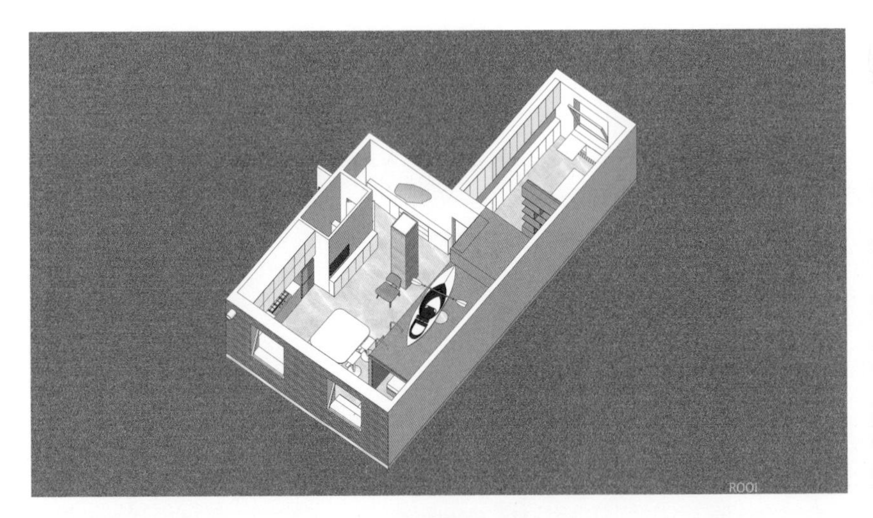

轴测图 1

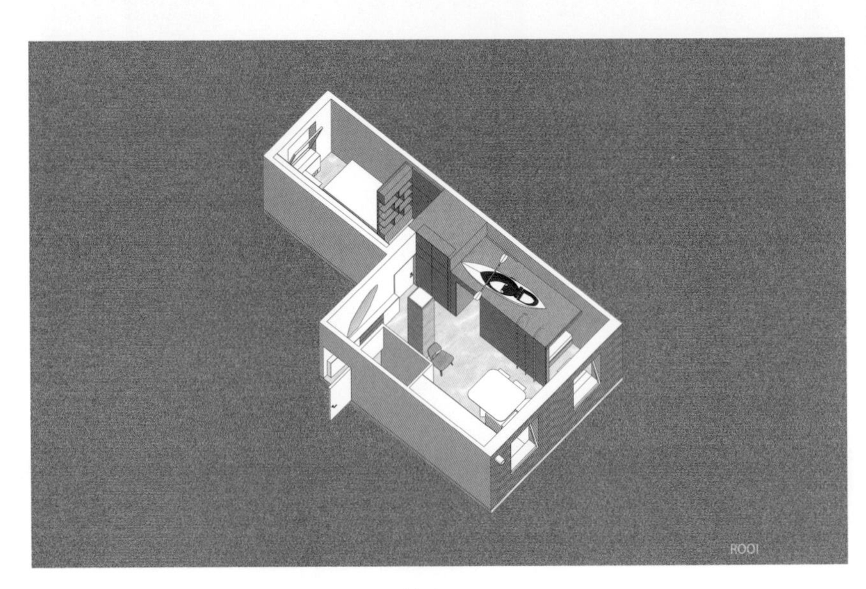

轴测图 2

11 开放式生活区
12 多功能空间
13 过道
14 卧室

在北京，由于拆除老建筑成本非常高，因此建筑师和业主一致认为改造升级是最好的选择。建筑师认为，对于城市中的小型公寓来说，多元化和个性化才是未来，否则一切都将以中性的、毫无生气的形态存在。

于是，建筑师首先清空一切不必要的元素，拆除中间的老墙，打破旧有的均质化网格格局，在小小的公寓中嵌入几个“小盒子”，使得公寓在相对开放式的空间中实现不同的功能。

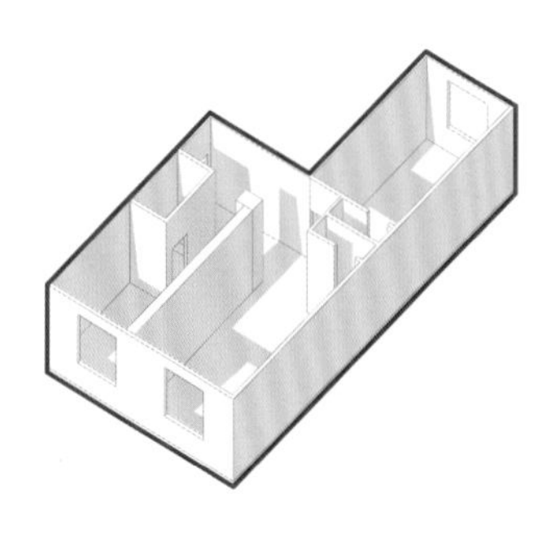

① 原始空间

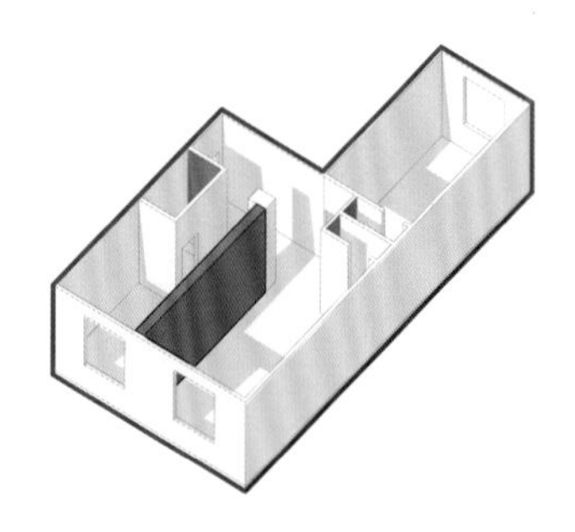

② 拆除墙体，开放空间

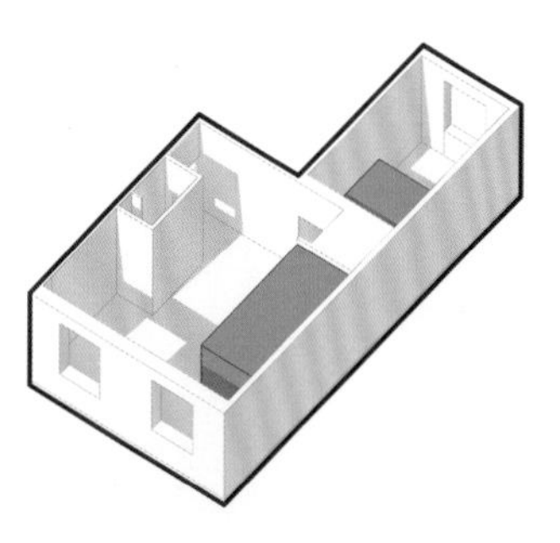

③ 置入卧室体块

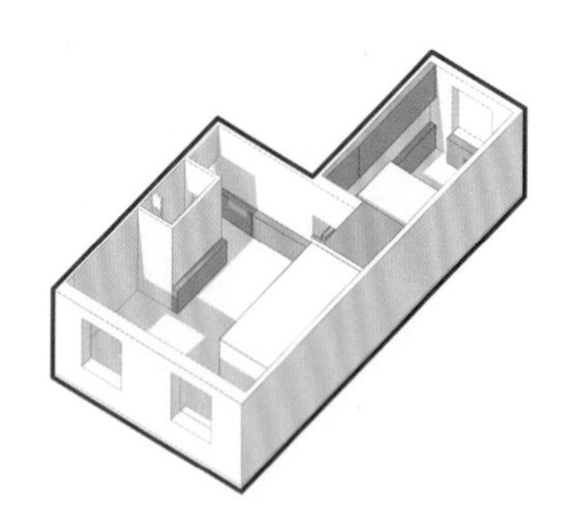

④ 置入收纳体块

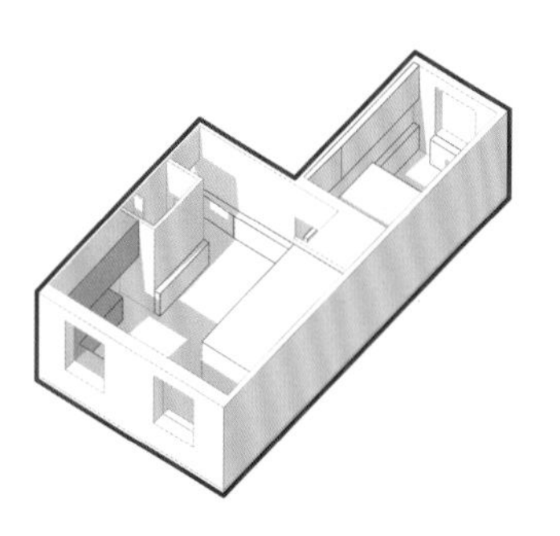

⑤ 置入厨房体块

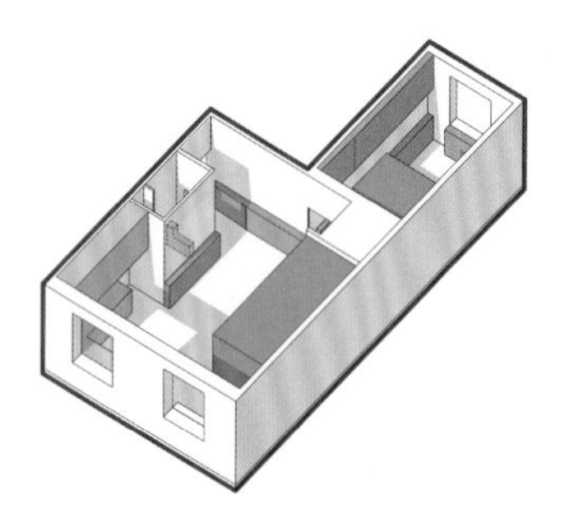

⑥ 改造后空间

体块置入过程分析图

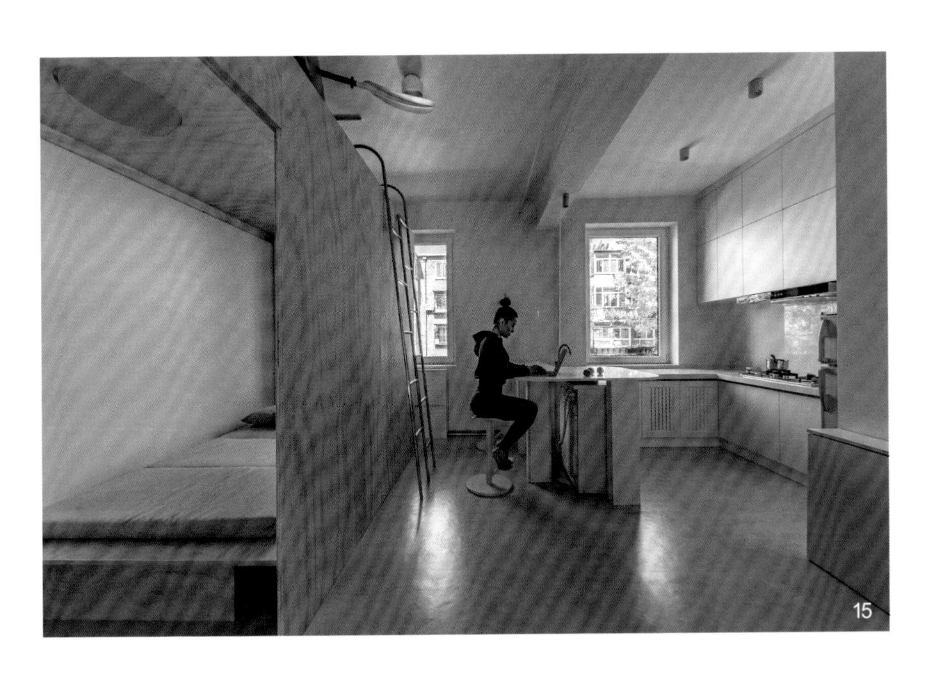

15、16 开放式生活区

当代青年人的生活是丰富多样的，家不仅仅是下班后睡觉、吃饭的地方，同时也是会客和与其他人互动的空间。家的属性不仅仅是私人空间，它有时是工作室，有时是会客厅，有时甚至是个性的展示空间。

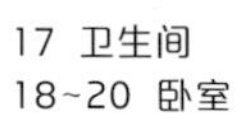

17 卫生间
18~20 卧室

21 小木屋
22~25 多功能空间

北向的小木屋既是会客茶室又是临时客房，上方还可储存房主的户外运动用品。外面开放式的客厅与厨房则增加了互动性。

本项目是中国室内装修大产业的一个小角落。中国的大多数公寓、住宅室内装修其实比西方国家有着更多的自由性，利用这一机会可以尽可能做出些多样性，设计一个适合广大都市年轻人的家。

如今，老公寓的内部空间以最经济的方式适应新时代，外立面则维持旧时代的特点，仍是 20 世纪 50 年代的环境，仿佛站在新时代回望过去。

28

27

26 开放式厨房
27 过道
28 猫踏板

画室里的家

——魔都梦想图鉴，生活与艺术的兼容空间改造

项目地点：上海市
项目面积：80 ㎡
居住成员：夫妻二人 + 两只宠物狗
设计公司：TOPOS DESIGN
觅我（上海）建筑设计有限公司
主持建筑师：林晨
项目建筑师：吕杰
设计团队：吕杰、朱剑鸣、卢丽媛
灯光顾问：王子路
设备顾问：王必虎
视觉顾问：秀子
软装陈列：秀子、卢丽媛
施工单位：上海渊横建筑工程有限公司
摄影：CreatAR Images(艾清、吴鉴泉)

1

1 被可移动隔墙分隔开的客厅空间
2 玄关设置

在这个城市中，人们有很多种活法，勇敢的人选择追求梦想，努力去爱。此项目是为一位画家和他的夫人改造属于他们的画室之家。基地是一处使用面积约为 80 ㎡的出租房，位于上海静安凤阳路的一栋高层大厦。这是一次有关生活与艺术的空间改造，也是一次有关新生活方式的探索。

3 狗窝空间展示
4 现实主义乌托邦
5 可移动隔墙分隔开的客厅空间

男主人 Seven ，热爱绘画，职业画家；女主人 Jackie，热爱生活，职业白领。

在遇到对方之前，他俩分别养了一只牧羊犬，因此而相识相恋。

改造前，一家“四口”住在租来的房子里。为了满足 Seven 的绘画事业，画室空间挤压了基本的生活，现状杂乱不堪。简单而言，即是“生活不在，艺术不存”。而设计师们认为生活与艺术并不矛盾，艺术可以让生活充满仪式感，高级而不迁就。

6~10 原有室内空间

改造前

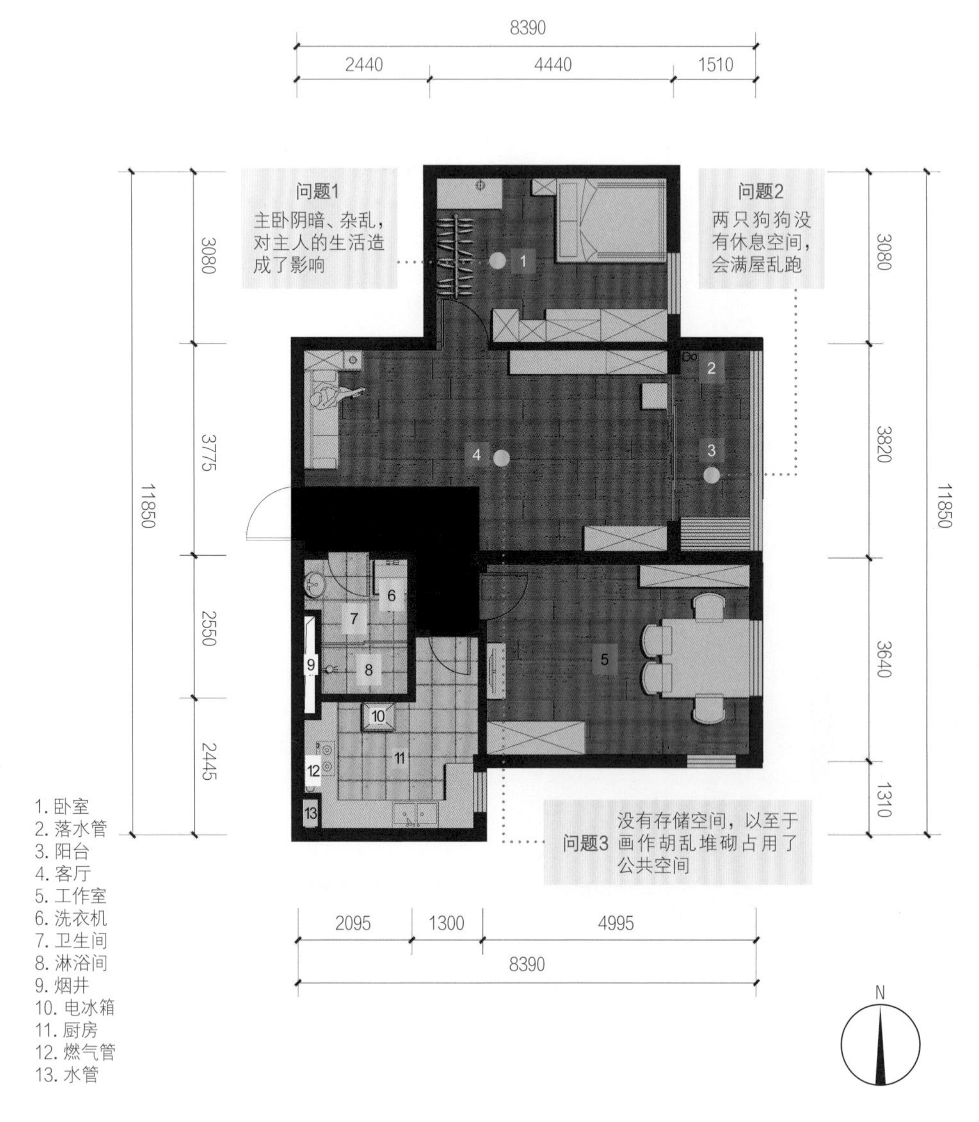

改造前平面图及存在的问题

在改造方案的设计中，男女主人分别提出了关爱对方而又截然不同的设计诉求：

Seven 希望为 Jackie 提供一个温暖有爱的生活空间；Jackie 希望为 Seven 提供一个自由创作的画室空间。

改造后

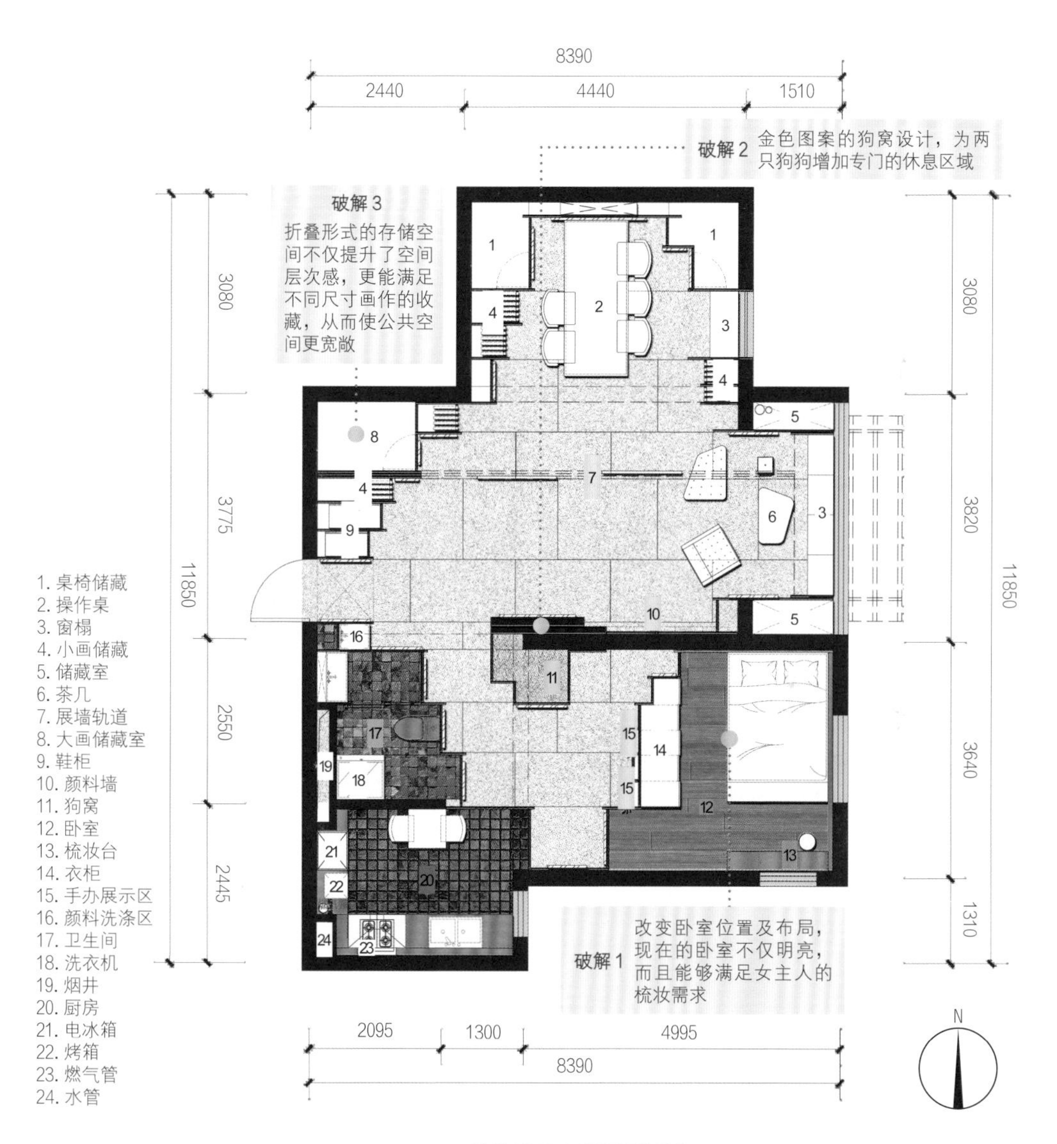

改造后平面图及问题的破解

11~13 通过隔断将客厅空间重新组合，用于多种用途
14 客厅全景

客厅空间使用了非常克制的黑灰白色调，就像是一块三维的画布，而委托人的生活就是画布上的色彩。地坪材料用的是灰色的水泥瓷砖，除了具有耐脏耐磨、易于清洗的特点，同时也显现一种返璞归真的质感。天花是一整片发光顶棚，共有三段 PVC 膜，暗藏了三种照明模式，分别为作画、画廊及居家提供了不同的照明设计。

客厅透视图

设计师们详细了解了 Seven 作画的工具及其行为，在原有阴暗的沙发区设置了不同进深的储藏空间，根据画架、画具及画作的不同尺寸，分门别类。在柜体中，设计师们隐藏了一堵 2m 宽的可移动墙体，在画廊空间模式的时候，可悬挂大型画作。

工作室透视图

15 工作室内景
16~21 工作室里的收纳与展示空间

16

17

18

19

20

21

改造后的工作室，两侧设置了不同的收纳柜体：DIY 的洞洞板墙可陈列男女主人的收藏和手办；结合窗户设计了书柜，可在窗边阅读；墙角设置了两个对称的收纳柜，可放置平时不经常展示的画作；特别定制了一个 1m × 2m 的大工作桌，配置了不同风格的椅子，可供学生做手作，也可供亲朋好友聚会。

改造后的阳台成了一处迷你的生活中心：Jackie 躺在阳台的榻上小憩，阳光晒入画室；Seven 举着画笔在作画。他们的生活也仿佛是一幅迷人的油画，色彩斑斓。

22 阳台全景
23 阳台一角

玄关空间的右手边特别设置了一个金色的壁龛，可放置钥匙、狗链等小物件；左手边是一处可推拉的收纳柜，根据不同类型的鞋子和雨具尺寸设计了不同的分格。

24、25 玄关处的收纳空间
26 玄关处放钥匙的小空间

狗窝设计：金窝、银窝，不如自己的狗窝

设计师们给两条狗狗特别设计了一个金色的狗窝。

狗窝的主立面是一堵根据两条狗狗的合影而创作的抽象画墙，通过不同大小的空洞来暗示狗窝空间。

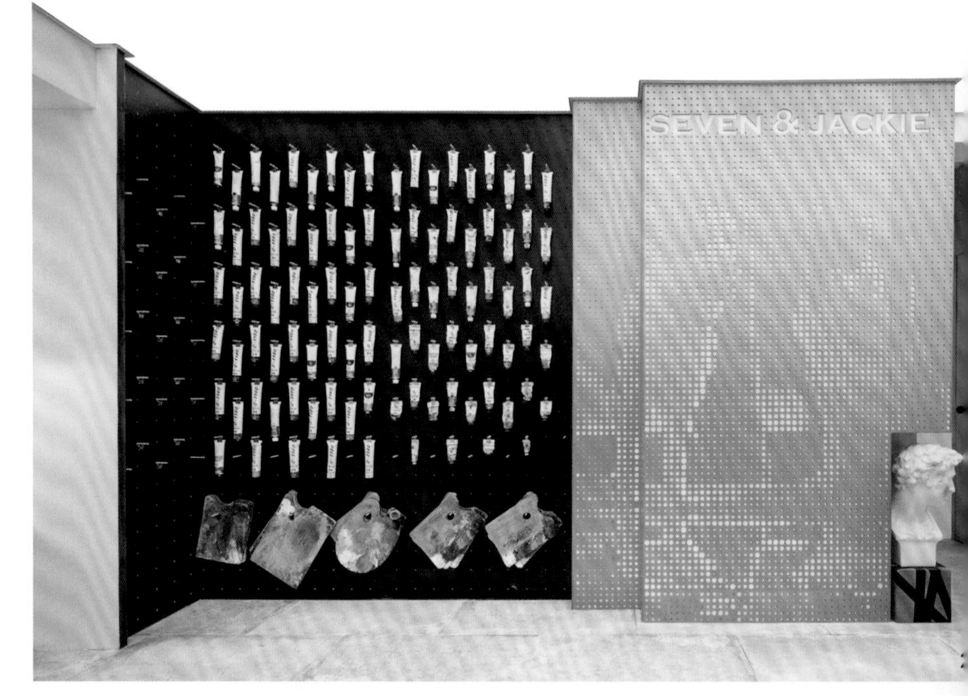

27 狗窝外观
28 狗窝图解
29 狗窝主立面展示
30 抽象画墙

狗窝有不同大小的内嵌空间，除了供两条小狗休息，还可以放置男主人不同的装置艺术品。

公共走道延续了狗窝金色的材料，同样也是画廊空间的延伸。公共走道有三扇隐蔽的暗门，暗门的后面是三个用色大胆、功能齐备的生活空间。

31~35 狗窝空间展示

32

34

33

35

36 洗手台
37 粉色马桶

真实的生活平凡而琐碎，设计的力量是在平凡之中创造美好。三个私密空间除了满足最基本的生活需求，也希望以极简的形式语言来传递对美的态度。

卫生间的整体色调是丛林绿，使用了绿色的手工瓷砖，犹如置身大自然之中。特别定制了一个粉色的马桶，成为狭小空间中的一处亮点。

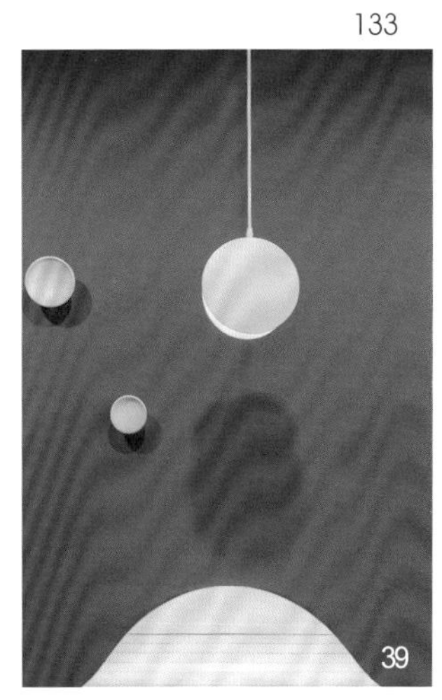

38 厨房全景
39 厨房细节

厨房的整体色调是镜湖蓝，犹如置身蓝色海面的地中海。重新布局了厨房空间，台面的设置按照洗、切、烧流线布置。黄色的椅垫、圆形挂钩及吊灯与蓝色墙面形成对比，增添了空间的浪漫气息。

40、41 卧室细节

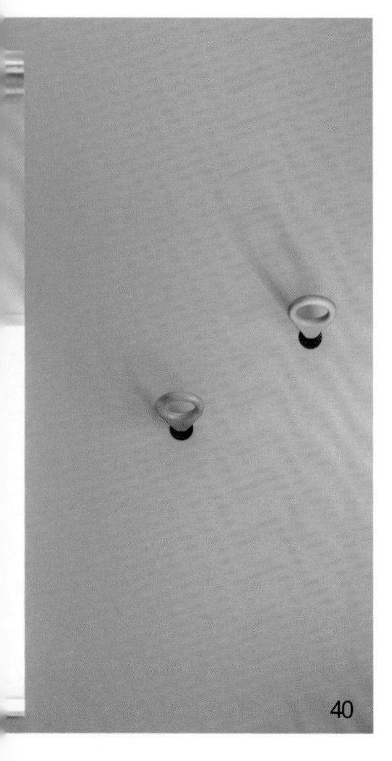

改造后的卧室布置在采光最好的房间，拥有朝东和朝南的两扇窗户。墙体是象征爱的粉色，家具以原木为主材，让卧室拥有温暖的气息。Seven 的画挂在床头，让空间的粉色立体而饱满。

42~44 粉色的入户标识

Seven 说："未来是粉色的，粉色即是爱。"因此，设计师们特别设计了一个粉色的入户标识，通过投射在墙壁上的影子显示图案。这个不是便利店，7 是 Seven 的幸运数字，11 是 Jackie 的小名，这是他们的爱情宣言。

极小天井住宅

——老旧花园里弄洋房变身三层极简风格住宅

项目地点： 上海市
项目面积： 80 ㎡
使用面积： 190 ㎡
居住人数： 2 人
设计公司： Atelier tao+c 西涛设计工作室
设计团队： 刘涛、蔡春燕、王唯鹿、刘胜丁、韩立慧、王倩娟
合作设计团队： J&CO design
结构设计： 易发安
结构加固施工： 姜维恭
建筑及室内改造施工： 上海添赐建筑装饰有限公司 王金芳
摄影师： 苏圣亮

透视图

1 起居室内部空间

破旧的房屋原始状态

里弄式住宅是上海独特的地域性居住建筑类型，糅合欧洲联立式住宅和中国南方传统民居的样式。曾是构成老上海城市肌理的底纹，如今只是零星散落。有的经历剧烈改造面目模糊，有的年久失修无法居住。

2 原始主卧
3 原始楼梯
4 改造前女儿房的位置是楼梯
5 原始客餐厅
6 餐厅
7 三层空间
8 楼梯

改造前

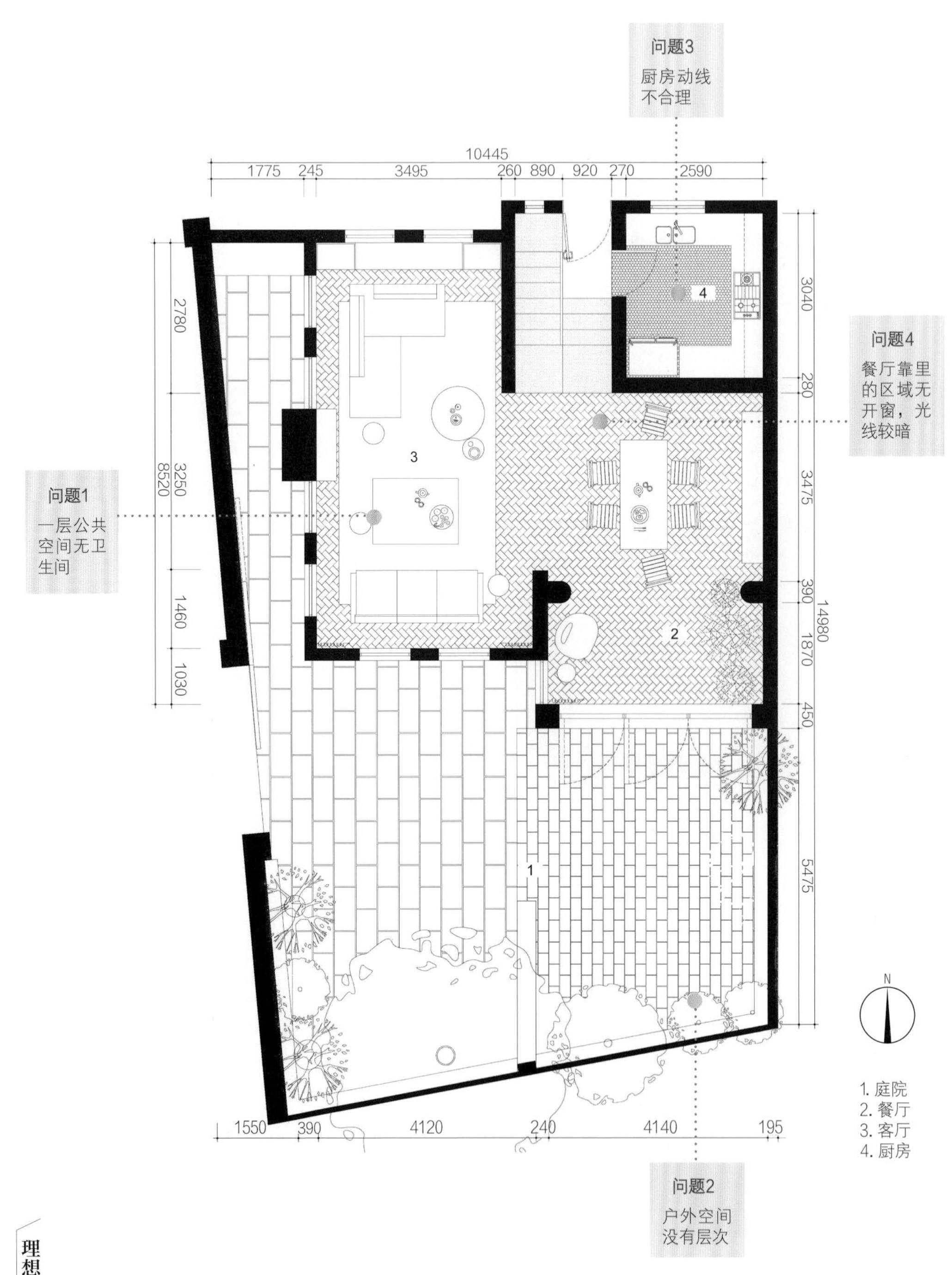

一层改造前平面图及存在的问题

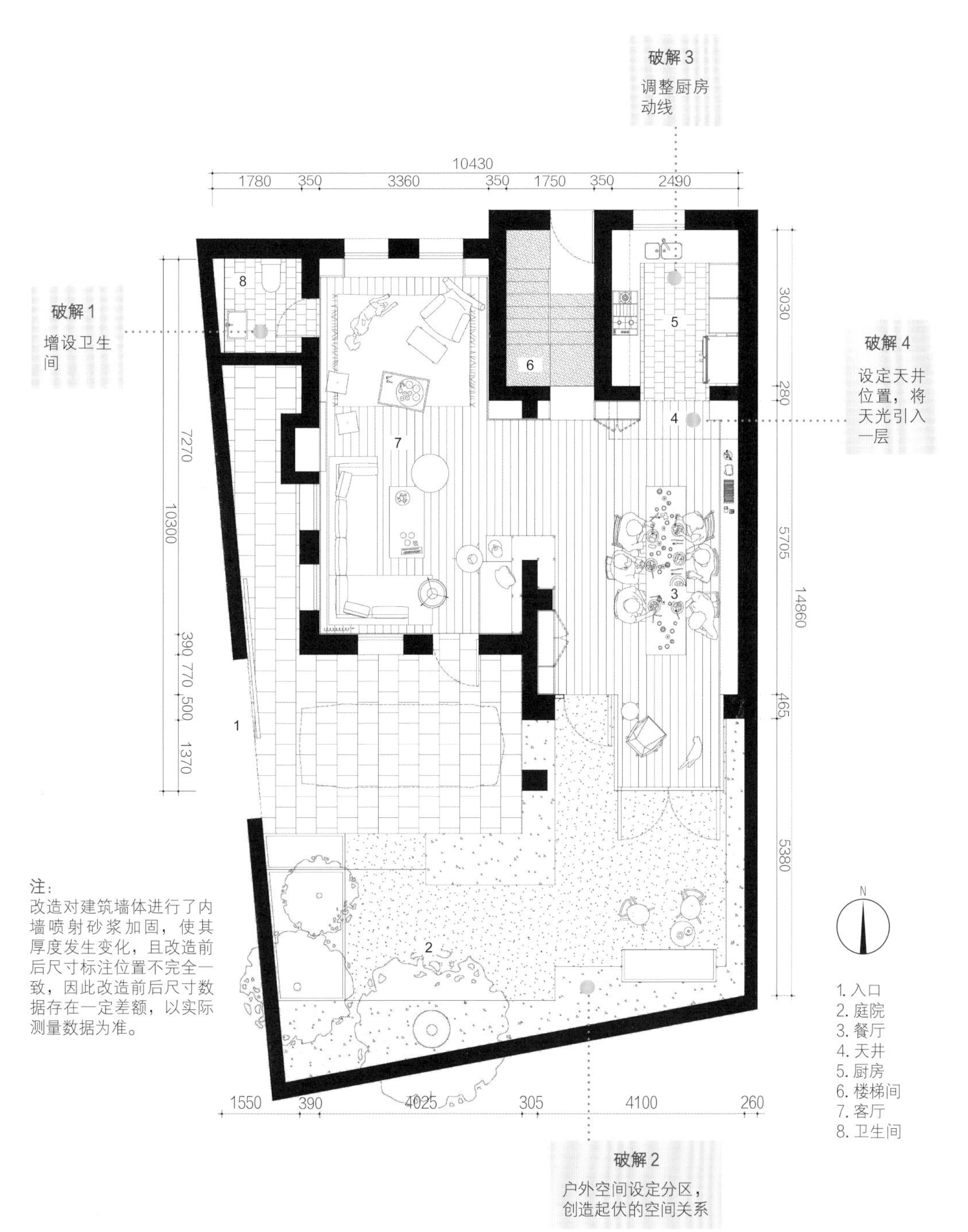

一层改造后平面图及问题的破解

改造前

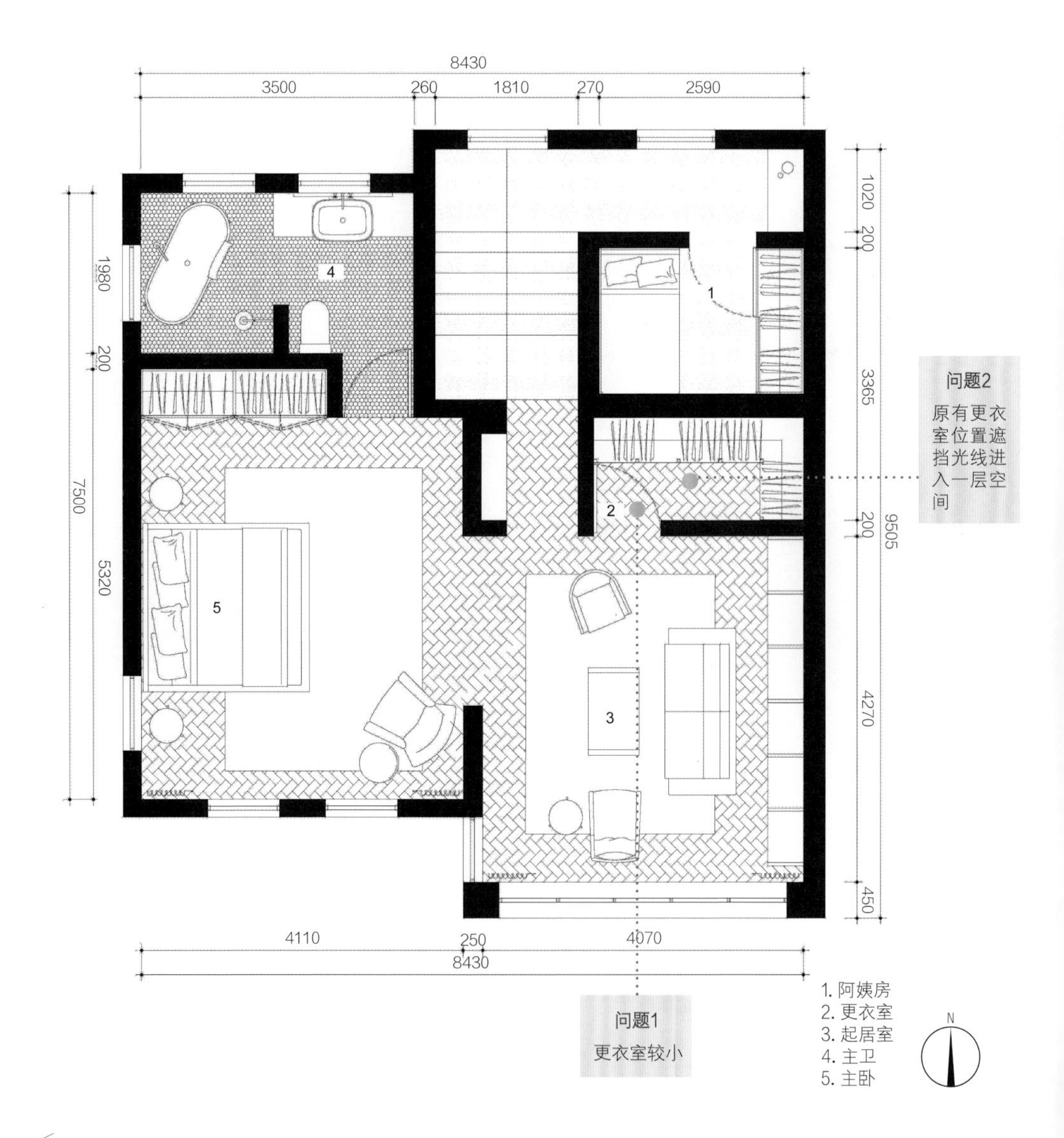

二层改造前平面图及存在的问题

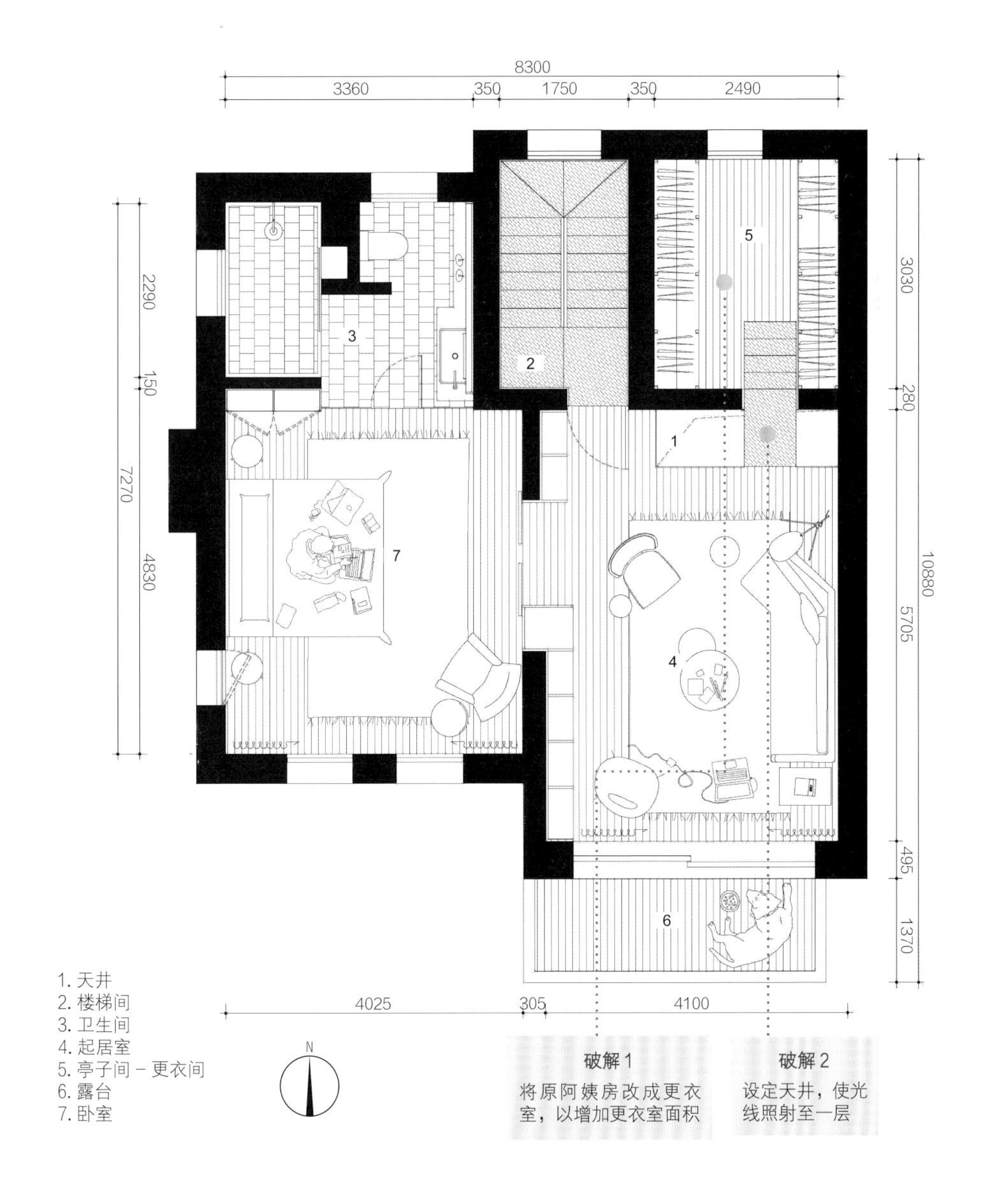

二层改造后平面图及问题的破解

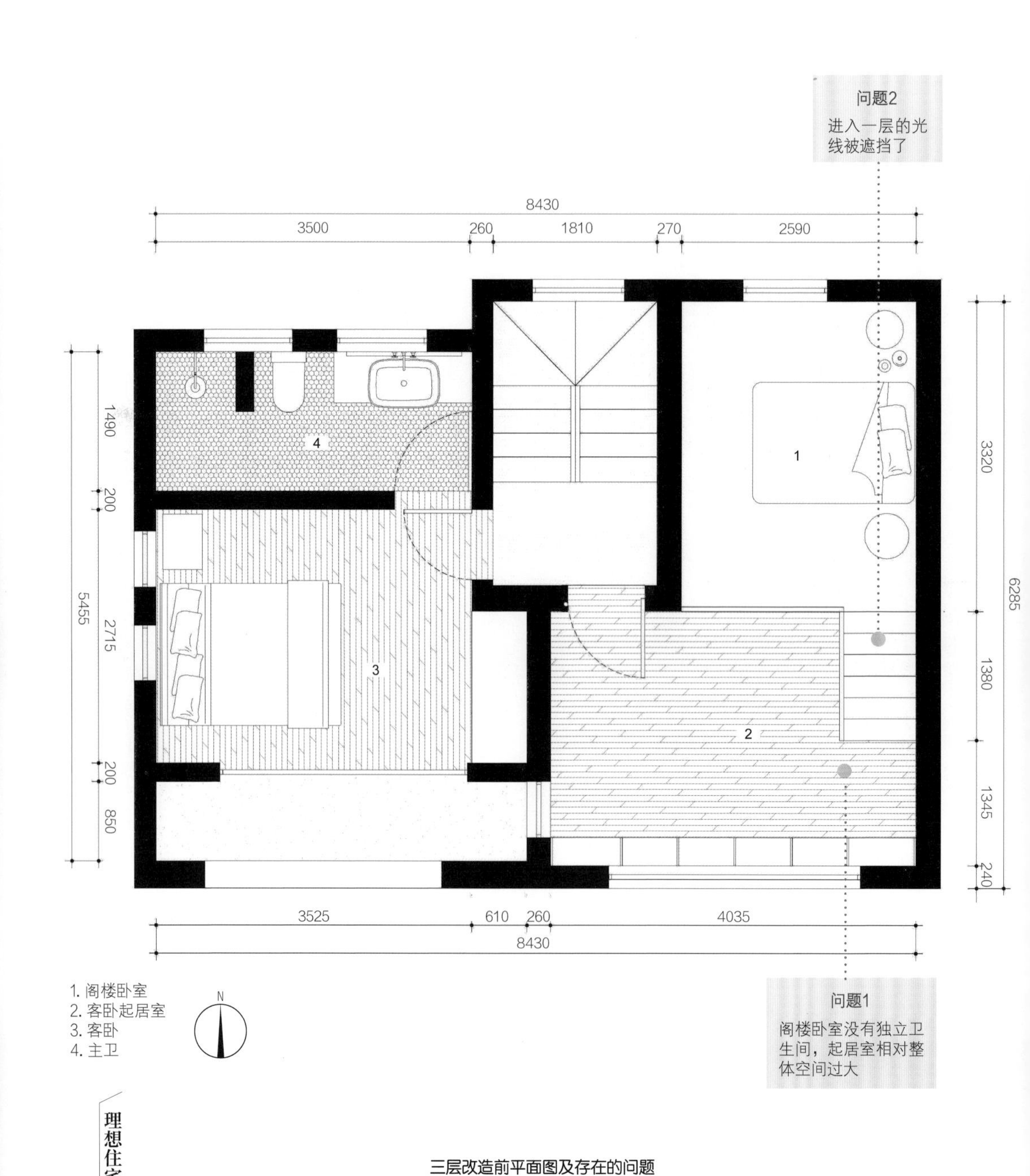

三层改造前平面图及存在的问题

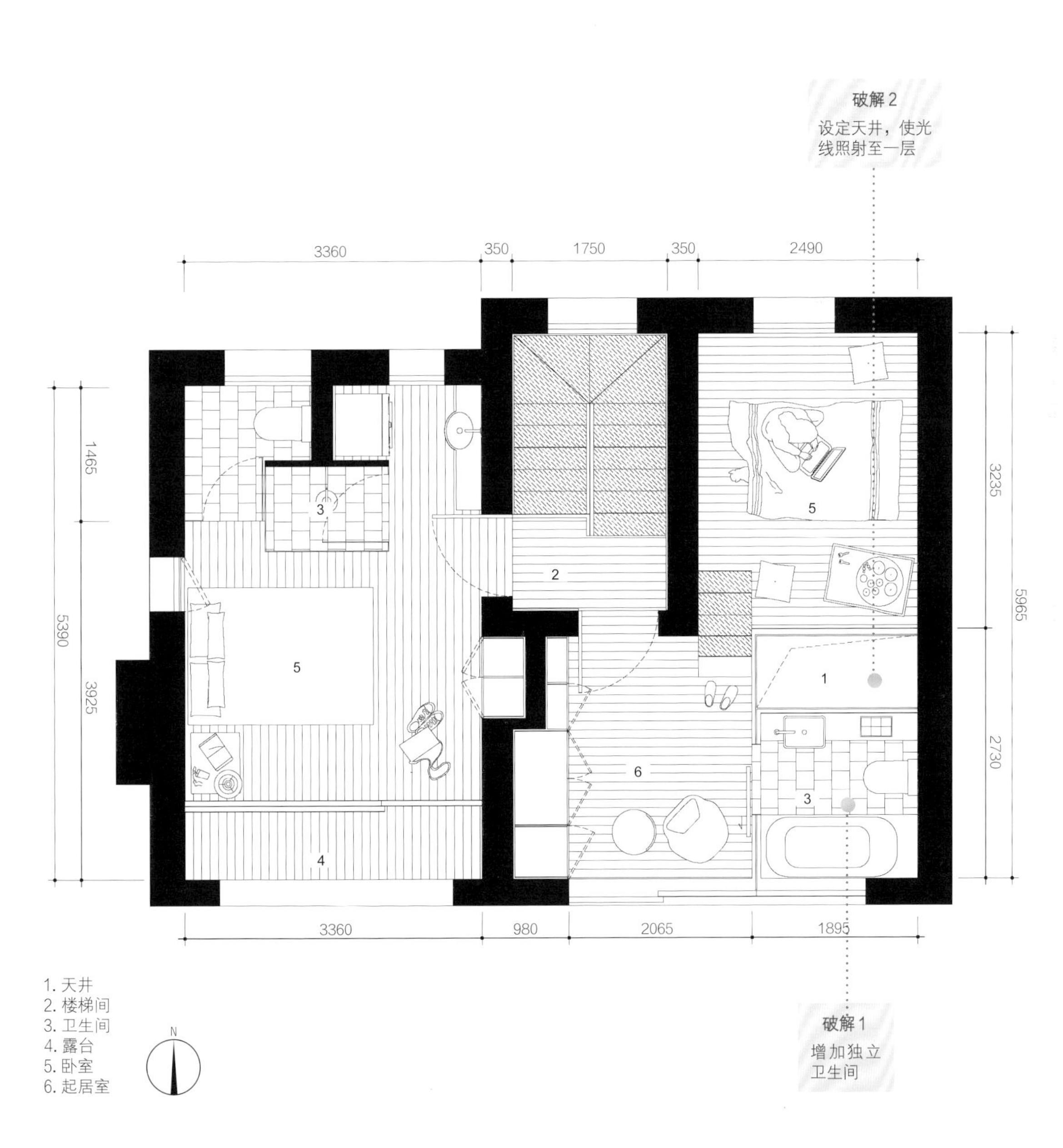

三层改造后平面图及问题的破解

9 起居室内部空间
10 从餐厅望向起居室
11 一层洗手间

在这样一个20世纪30年代花园里弄洋房的改造项目中，建筑师心怀对原有文脉的敬意，以一种精密微创手术般的处理方式，审视和发掘空间中被过去历次改造所掩盖的特质；通过精准的切割，引入传统江南民居中的天井意象，重整了里弄民居中错层的亭子间和前堂的关系；并探索了建筑本身与院落的关系，以及新与旧的关系。

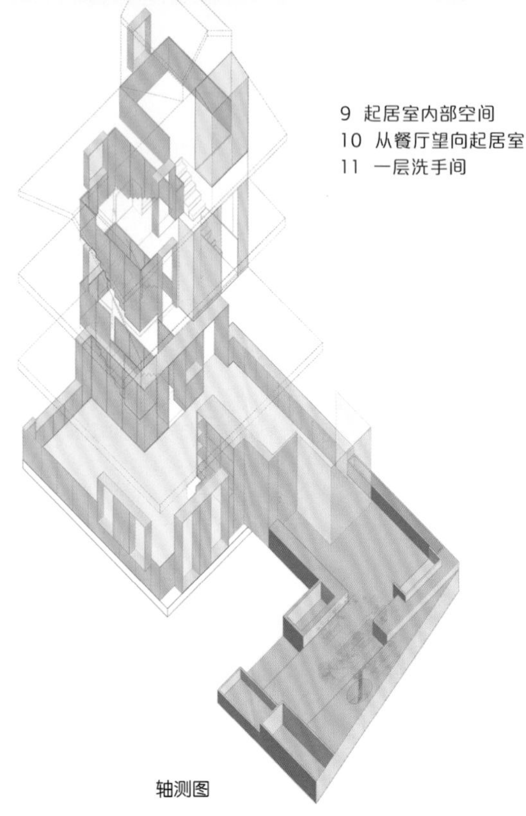

轴测图

10

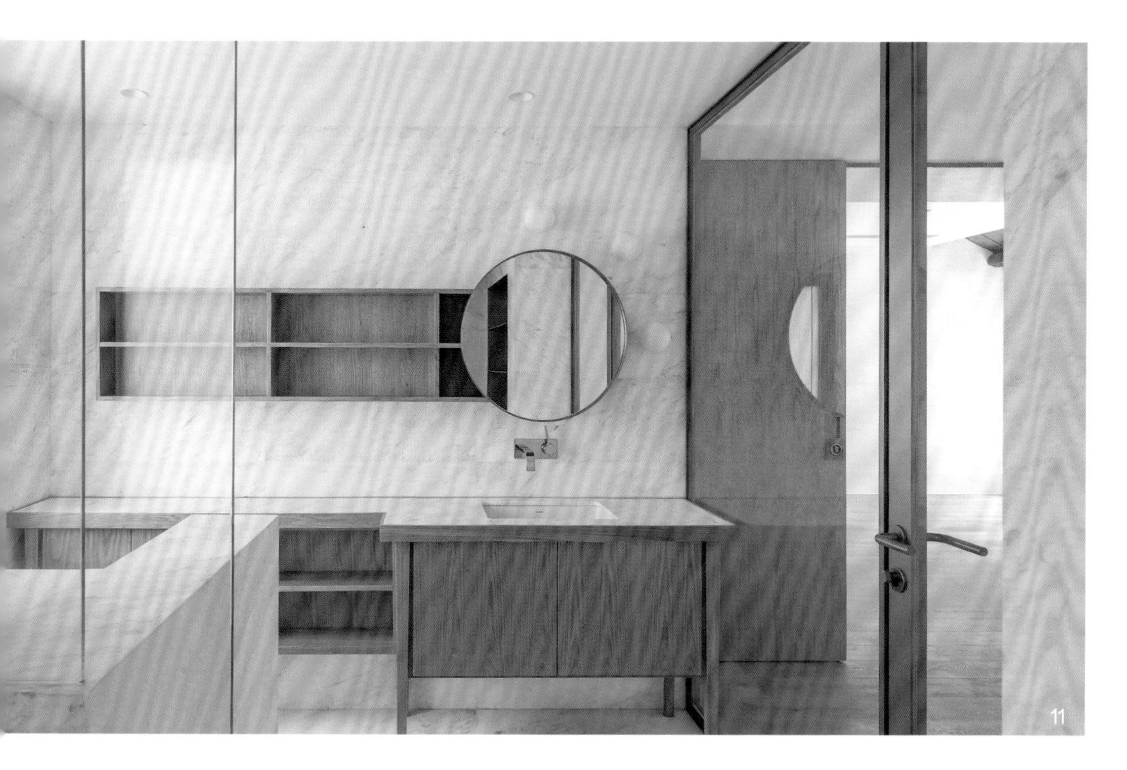
11

12

原建筑是一栋三层双开间的里弄住宅，带有一个前院，拥有那个时代常见的木构架加砖墙围护结构。开间面窄且深，东侧开间的北面被楼梯间和挤在楼梯转弯处的亭子间占据。这个位置的楼面被分成了四层，只能通过楼梯半平台进入，与主楼面是错层且隔离的关系。故此空间紧张局促，内部采光不足，是建筑师面对的主要问题，同时还需要满足三间带独立卫生间的卧室和其他生活起居空间的功能要求。在这样一个几乎无尺寸余地的条件下，建筑师反其道而行之，通过从建筑内部挖出一个天井而非加建面积的策略去疏通原本紧张的空间关系。

12 起居室内部空间
13 从起居室望向餐厅
14 一层洗手间

15

在东侧开间亭子间和主楼面的错层之处，切开一个细长的洞口，从自下而上贯穿三层到屋顶。洞口 4∶1 的长宽比让人回忆起江南小型民居中典型的极小而狭长的天井。洞口用透明和半透明的玻璃围合，形成井形的具象界面，井深且虚。阳光通过折射进入室内的中心，更加柔和。随着自然光的变化，室内的光盒子明暗不定，原本幽暗的内部区域也因此有了自然光和呼吸，形成了住宅内部的向心性。

16

15 滑动门细部
16 三层空间
17 细长的洞口从底层的顶面自下而上贯穿三层到屋顶

以天井为中心，将不同空间串联

正如南方民居中的天井不只具有采光的作用，设计团队以天井为空间中枢进行环绕的平面布局，使虚的天井成为具有交通性的室内空间部分。在一楼，穿过一片天光从餐厅进入厨房；在二楼，在亭子间的墙上开出一个门洞，通过桥的连接穿过天井，进入起居室，与主空间形成连接和对话；在三楼，阁楼卧房和卫生间隔着天井对望，并通过与天井并行的台阶相连。天井的高度将三层楼从垂直的维度上联系起来；天井的深度，分割又激活了水平空间，既透进光的呼吸又消化了错层之间的落差，连接了原本封闭而断裂的空间。把一个由孤立的小房间组成的房子串联成一系列的空间交织，提供了多重解读和体验的可能，丰富了宅居的空间感受。

天井示意图

19

18 三层洗手间
19 二层洗手间
20、21 光线穿越天井
22 居住空间围绕天井

内部空间的材料处理

在用天井形成家的内向性后，建筑师用简单克制的手法处理内部空间的材料。建筑主体结构经过加固补强、谨慎地保留和裸露部分木架结构，形成新旧关系的融合。连续性的木板将整个家包裹起来，从最高处的阁楼栏板绵延而下，顺着楼梯间高度起伏转折，体块转化成雕塑般的柜子和墙体，最后在一楼餐厅处敞开，延伸进庭院。在庭院里，同样的体块形成水磨石的花槽、座椅和台阶。餐厅和庭院之间的玻璃门在阳光好的时候打开，室内外环境融为一个整体。统一而纯粹的材料让这个家呈现出安静的气氛，一个孤独和温暖的围合。

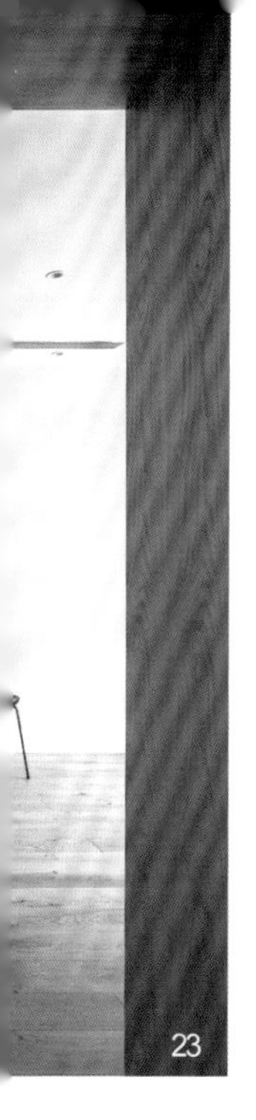

23 空间框架
24 餐厅
25 建筑外观及庭院
26、27 楼梯

康平路公寓 10° 宅改造

——通过10° 旋转重构与优化不规则空间

项目地点： 上海市
项目面积： 48 ㎡
设计公司： TOWOdesign 堂晤设计
摄影： TOWOdesign 堂晤设计

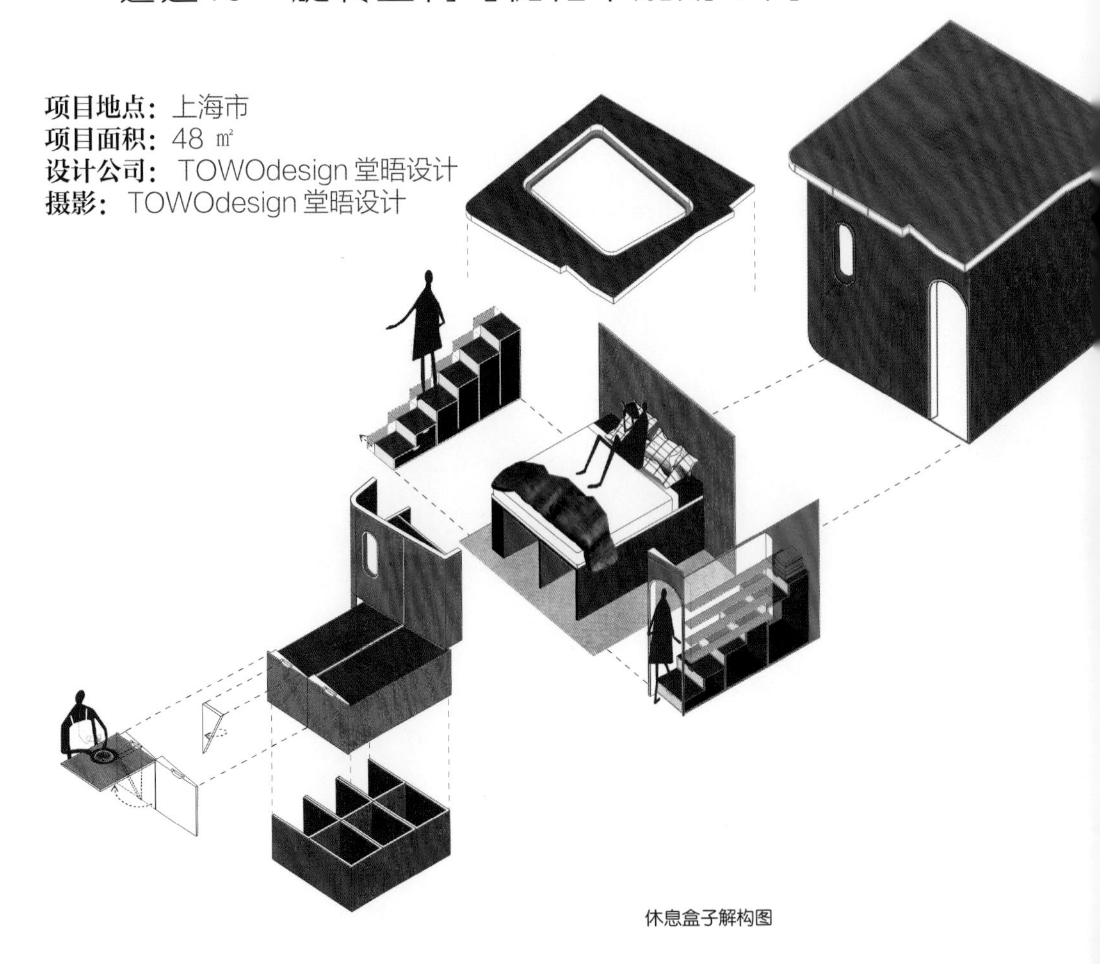

休息盒子解构图

1 休息盒子

该项目地处寸土寸金的上海中心城区，房子的原始面积仅 40 余平方米，却需要容纳日常起居、储藏收纳、办公、娱乐聚会等功能。

2~5 房屋改造前原貌

6 改造后的阳光客厅
7 卧室内部空间

改造前

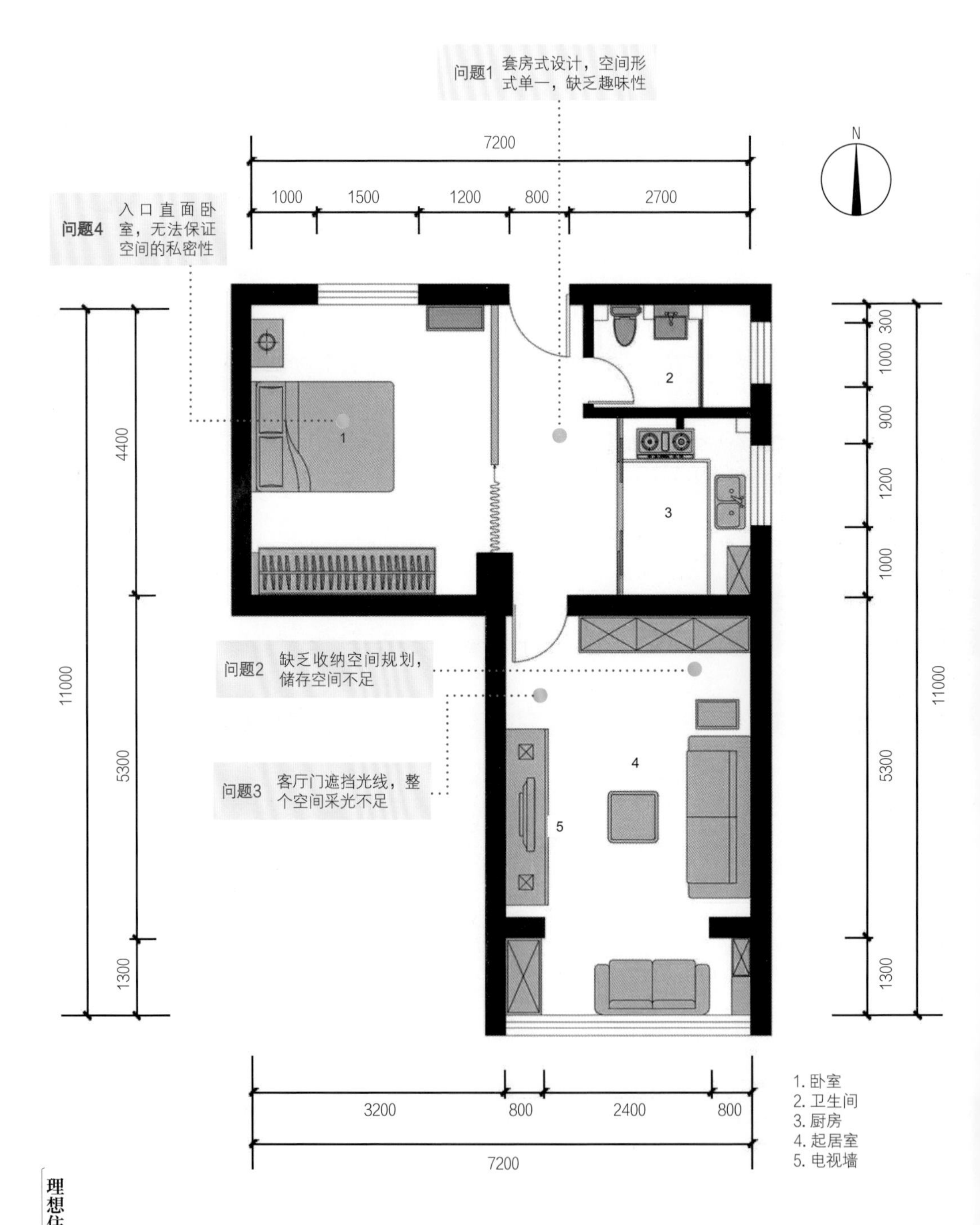

改造前平面图及存在的问题

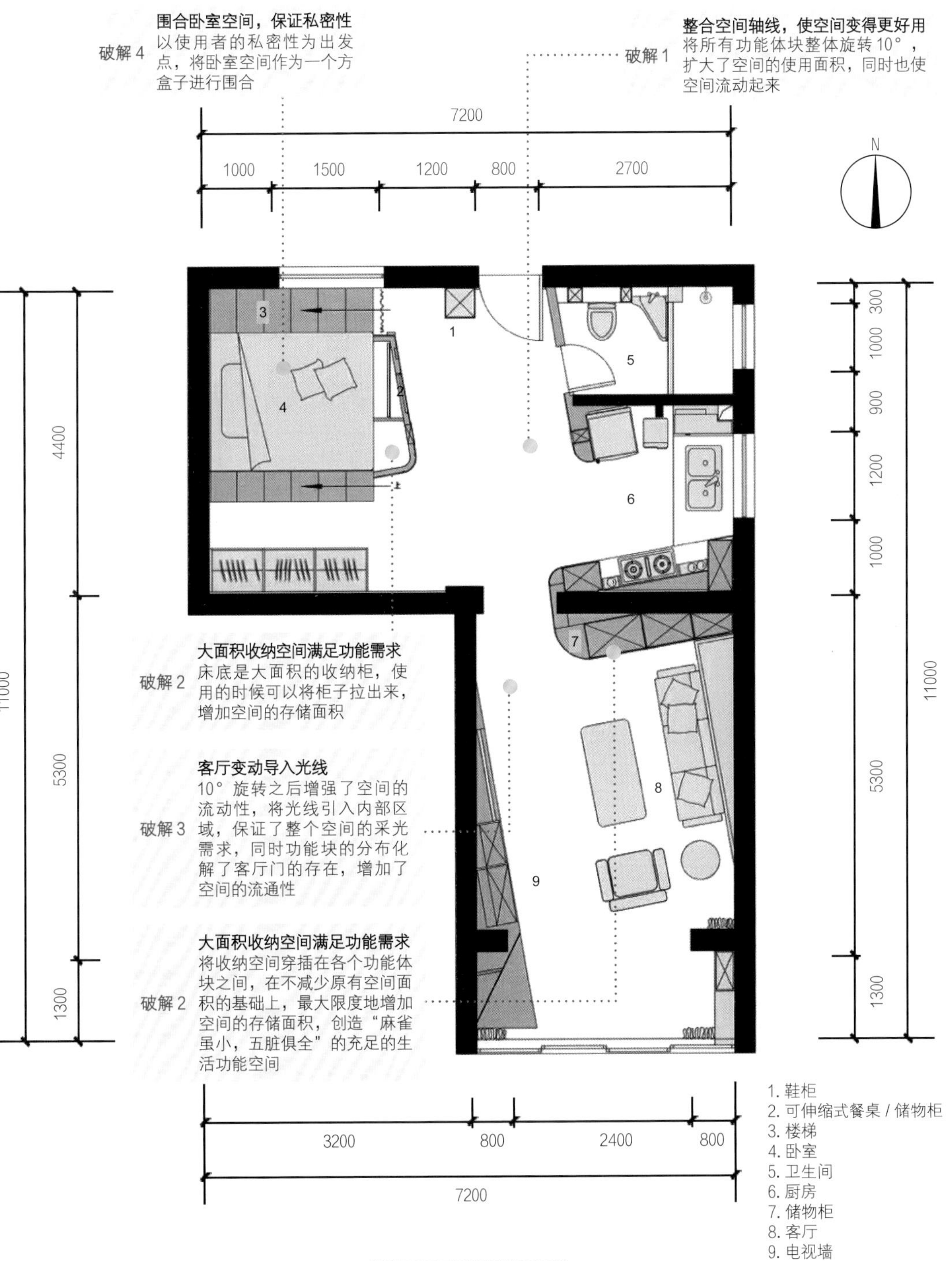

改造后平面图及问题的破解

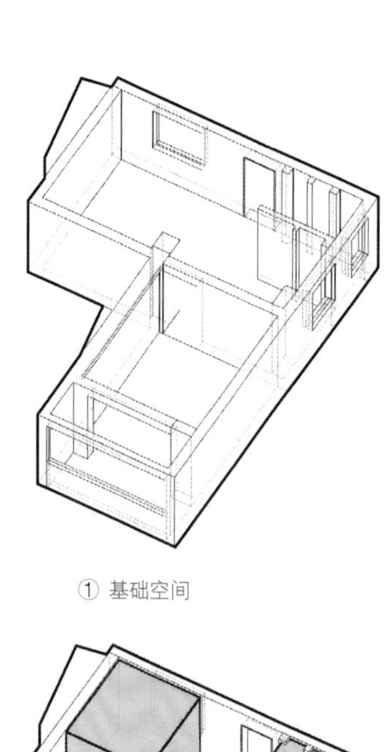

① 基础空间

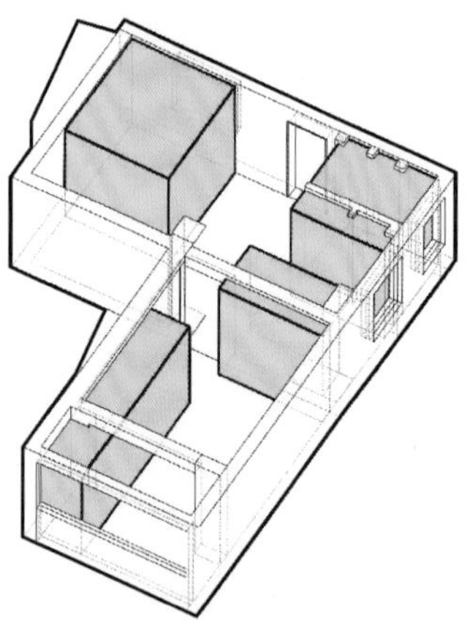

② 体块置入

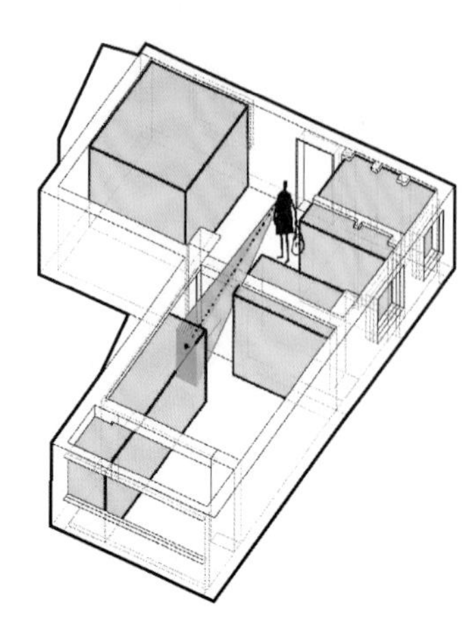

③ 视觉被遮挡，空间被分割

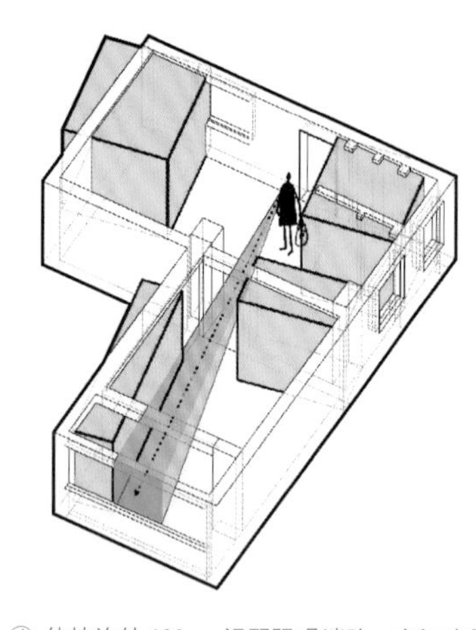

④ 体块旋转 10°，视野阻碍消除，空间连贯

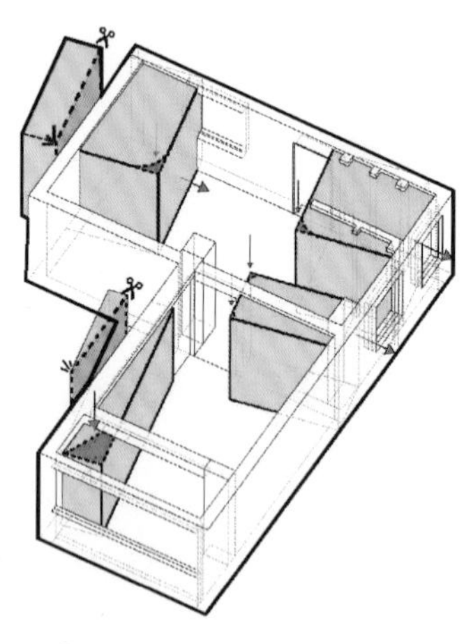

⑤ 对体块造型进行优化

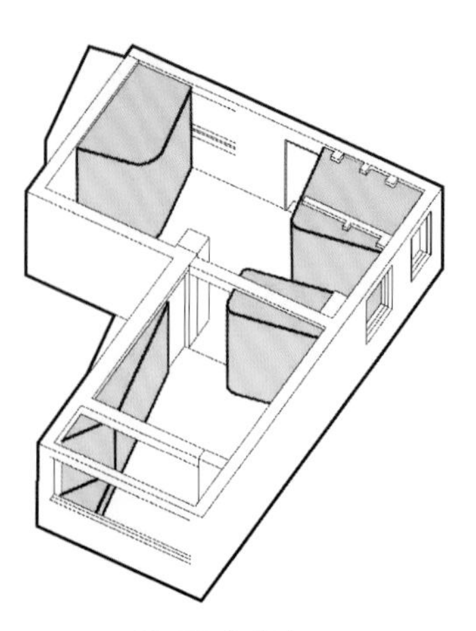

⑥ 10° 宅成型

空间 10° 旋转过程

设计师将价值折射在空间区位和动线模式之中，利用最简单的法则使空间的功能与感受最优化。这也是他们最常用的重构空间的方法。这次他们将此法的精髓运用到了经济型住宅设计中，通过旋转10°让空间发生质的改变。

8 10°的旋转让空间通透
9 客厅全景

功能盒的置入既节省了空间，又增加了活动区域

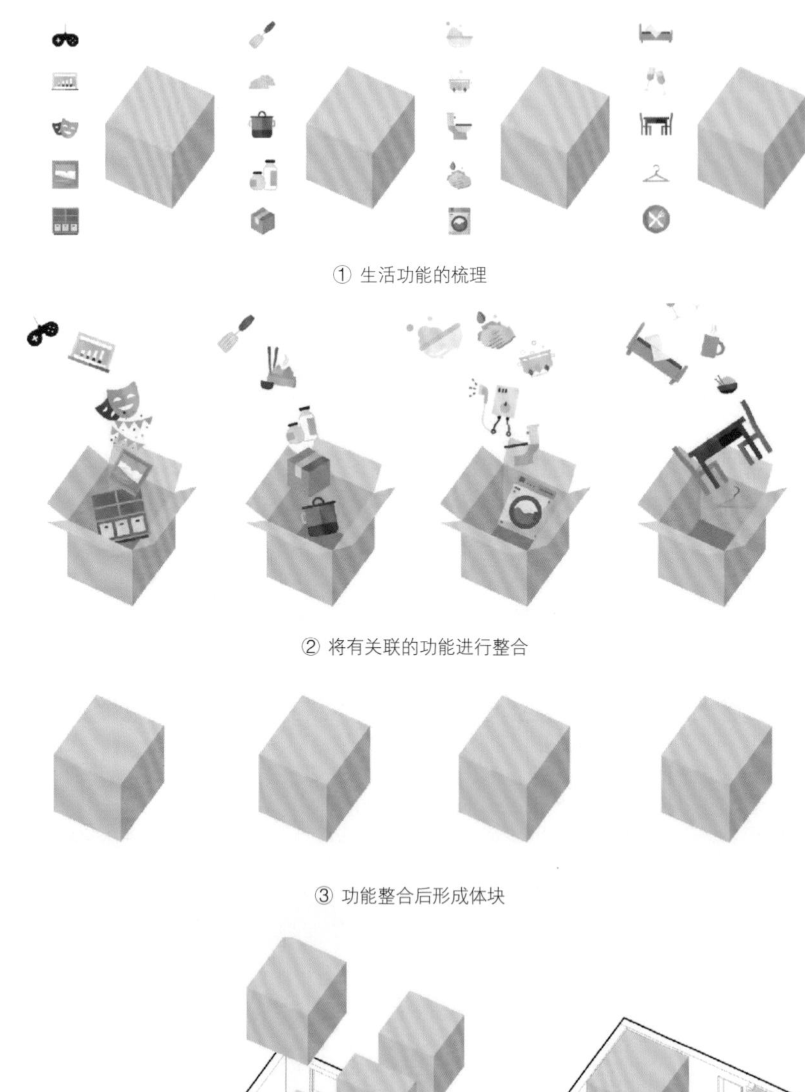

① 生活功能的梳理

② 将有关联的功能进行整合

③ 功能整合后形成体块

④ 体块形态优化

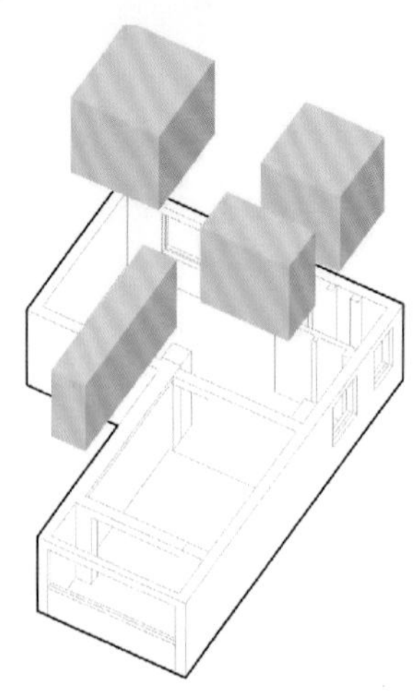

⑤ 置入住宅空间中（过程）

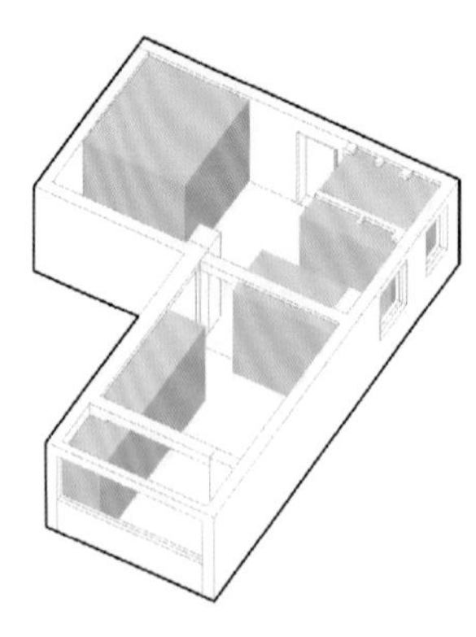

⑥ 置入住宅空间中（完成）

功能盒置入过程

10 负责烹饪的黄色盒子与背部的柜子结构一起成为整个空间的视觉焦点
11 洗浴盒子与烹饪盒子之间的空间就是厨房

为了最大限度节省空间，设计师将日常功能结构叠落后整合为“功能盒”，并将其置入公寓空间中。功能盒与功能盒之间构成新的活动区域。公寓从一个由若干房间组成的常规形态变成一个由盒子外连续空间组成的流动空间形态。 黄色的厨房柜体成为整个流动空间的中心。这样的改变让公寓完全消除了原本的压抑感，扩大了空间感受。

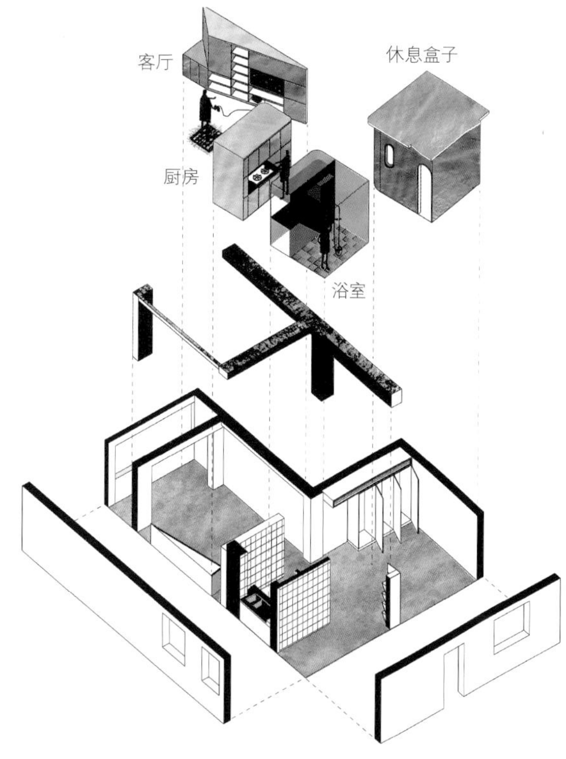

功能盒对应室内不同空间解构

12 盒子上的小装饰点
13 负责洗浴的盒子

14 负责娱乐学习的盒子与烹饪的黄色盒子组成客厅的基本界面
15 休息盒子内部空间

空间旋转 10° 之后产生的夹角空间得到了充分利用

然而，这些被整合功能的体块置入小空间后会出现一些矛盾，特别是在娱乐功能体块置入后，整个空间的流线与视野都被遮挡。为此，设计师对原本的设计做出调整，将所有功能体块整体旋转 10° 后，功能块带来的阻挡问题迎刃而解。同时，10° 的倾斜也创造出一些有趣的夹角空间。在休息用的盒子旁边，该夹角空间正好容下上床楼梯，楼梯内暗藏收纳柜，灵活又实用。客厅的夹角空间变成三角形灯箱，成为客厅的氛围照明灯。

16、17 楼梯被用作暗藏收纳空间
18 10° 的光之夹角

由于户型较小，储物显得尤为重要，因此储藏区占据了很大的体量，且穿插在其他功能体块中。隐藏式、推拉式、展示式，样式百变。加上开放式的厨房、可折叠的餐桌，还有隐藏式的洗手间，最大限度地利用每一寸空间。

19 厨房与卫生间内部的收纳空间
20 床下面的隐藏收纳空间

镜面元素也被运用在细节中，以减少小空间的压迫感。由于人们不习惯躺在床上能看到镜中的自己，因此大面积的镜子也会影响居室的温暖感。鉴于此，设计师巧妙利用镜面的反射角度与位置，在满足空间视觉延伸的同时，又避免日常起居时的镜面干扰。

21 镜子里另外一个空间
22 镜里镜外

23 梁在镜面上空间的延伸
24 镜面家具的视觉延伸
25 面向娱乐学习的盒子，旁边与顶部的镜子扩张了空间

26

空间中还保留了部分梁柱及墙面，直接裸露着呈现出建筑的本体轮廓。同时，这些梁柱体系被强调后，也正好与 10° 的旋转互为参照，更显趣味。在尊重空间本质的基础上，设计师以富有创意和实用意义的设计手法，让这个空间犹如被施了魔法般越住越大。

27

26、27 原建筑柱子的施工痕迹
28~30 水泥柱子与木盒子之间产生的冷与暖的对比

飞龙公寓

——打破空间界限的包豪斯风格空间改造

项目地点： 上海市黄浦区淮海中路
项目面积： 75 ㎡
居住人数： 1~2 人
设计公司： 景会设计
主持设计师： 汪莹
摄影： 付清源

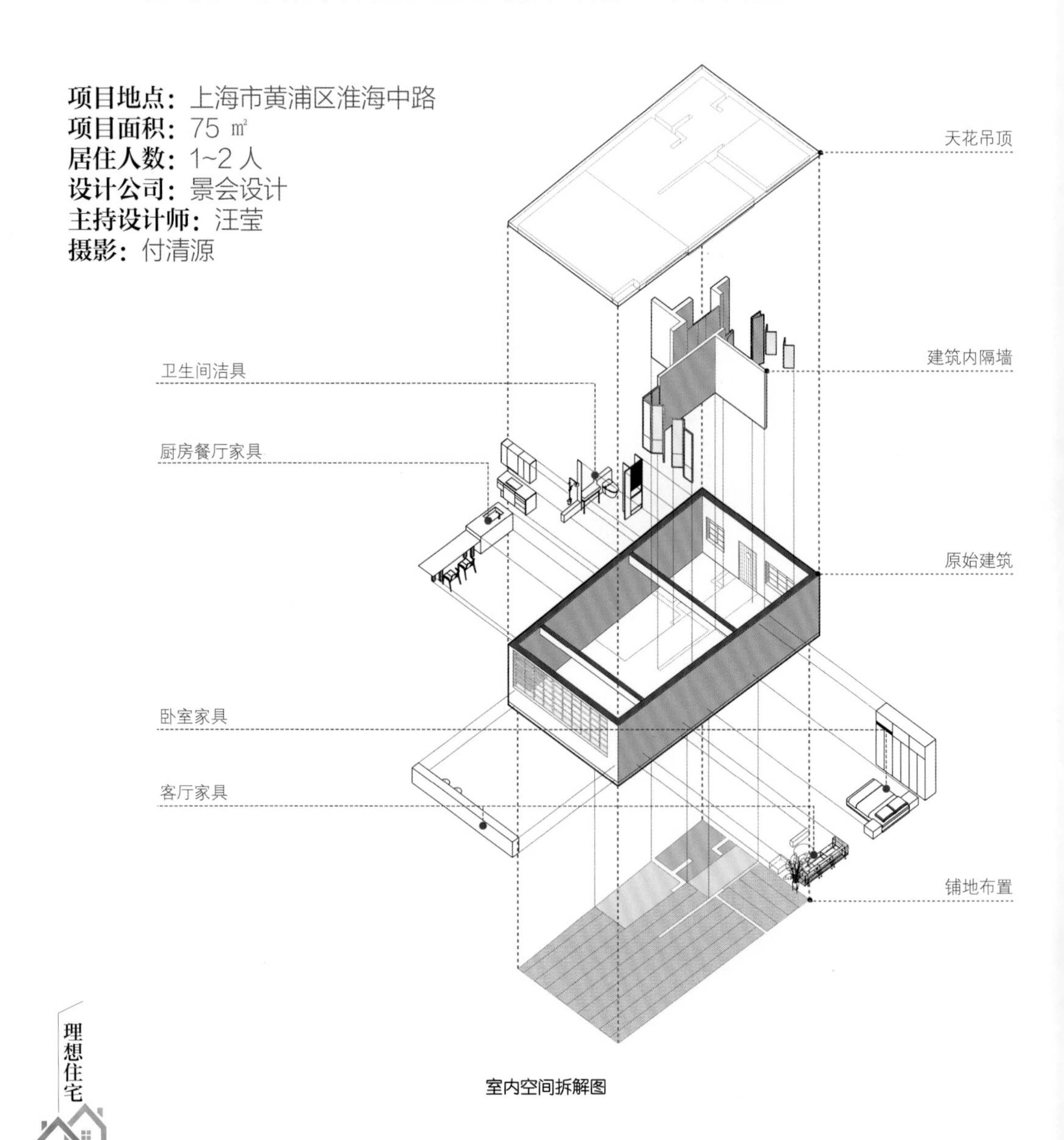

室内空间拆解图

1 室内空间概览

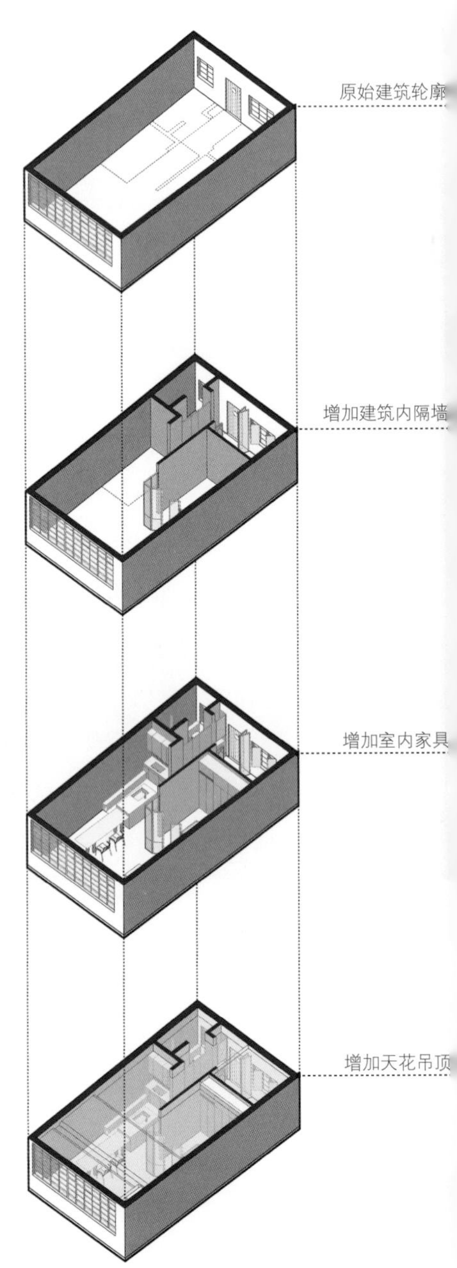

2、3 原始内部空间
4 建筑外观
5 阳光照射在客厅

空间生成过程

5

飞龙大楼坐落于上海淮海中路，建成于 1922 年，为现代多层公寓，合院式布局，中为庭院，是上海第三批历史保护建筑，至今已百年。本项目是位于飞龙大楼沿街五层楼房顶层面积约 75 ㎡的公寓。

20 世纪 20 年代，正是包豪斯思潮风靡全球的开始。当时，上海出现了很多早期西方现代派建筑。包豪斯的设计从实用出发，重视空间感受，强调功能与结构的结合，强调自然光的渗透，建筑没有外加多余的装饰，将建筑美学、功能、材料性能和建造的精美直接相联系。飞龙大楼的建筑设计正是具备了这些特征，立面简洁，采用了大面积的钢窗，整体建筑通透轻盈。

改造前

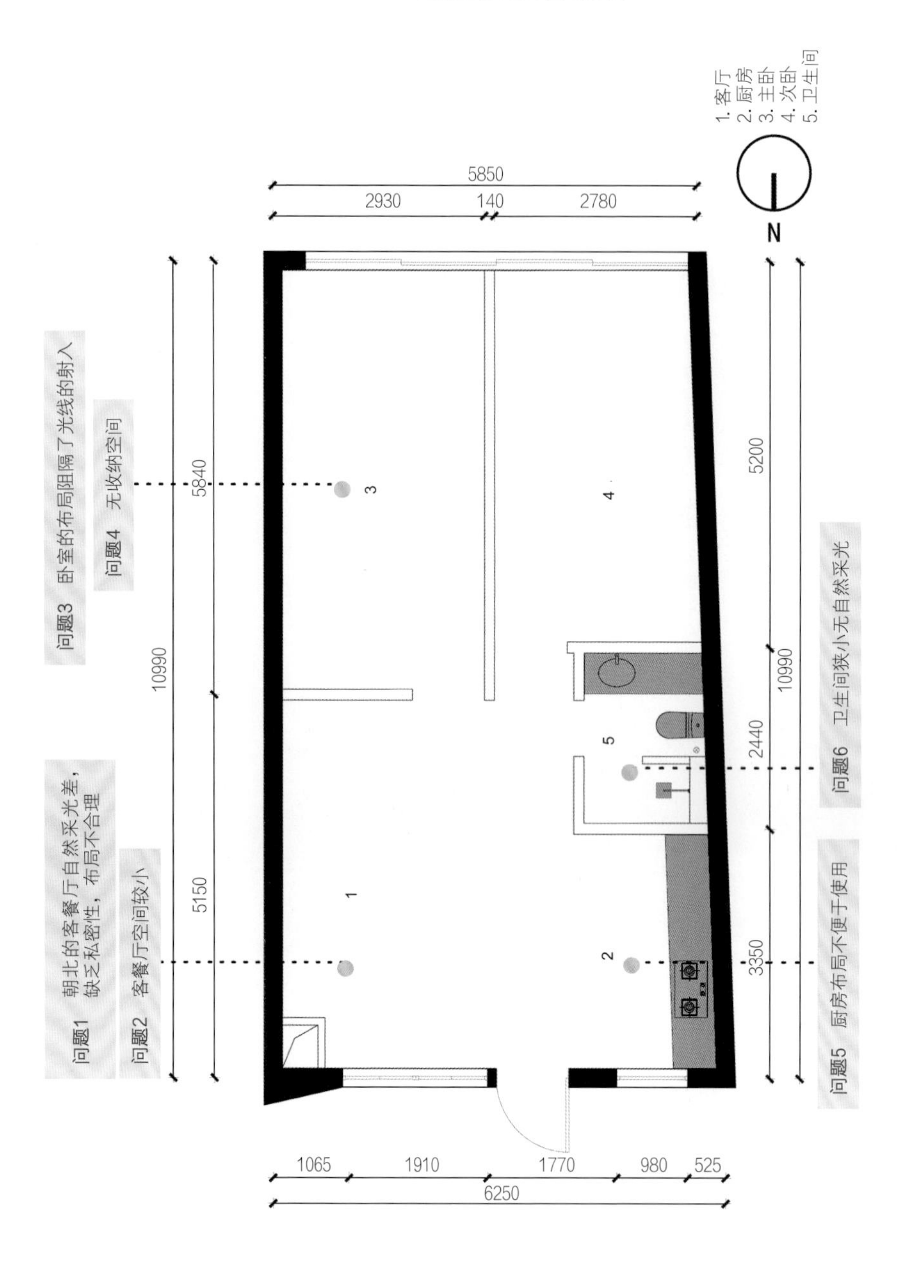

改造前平面图及存在的问题

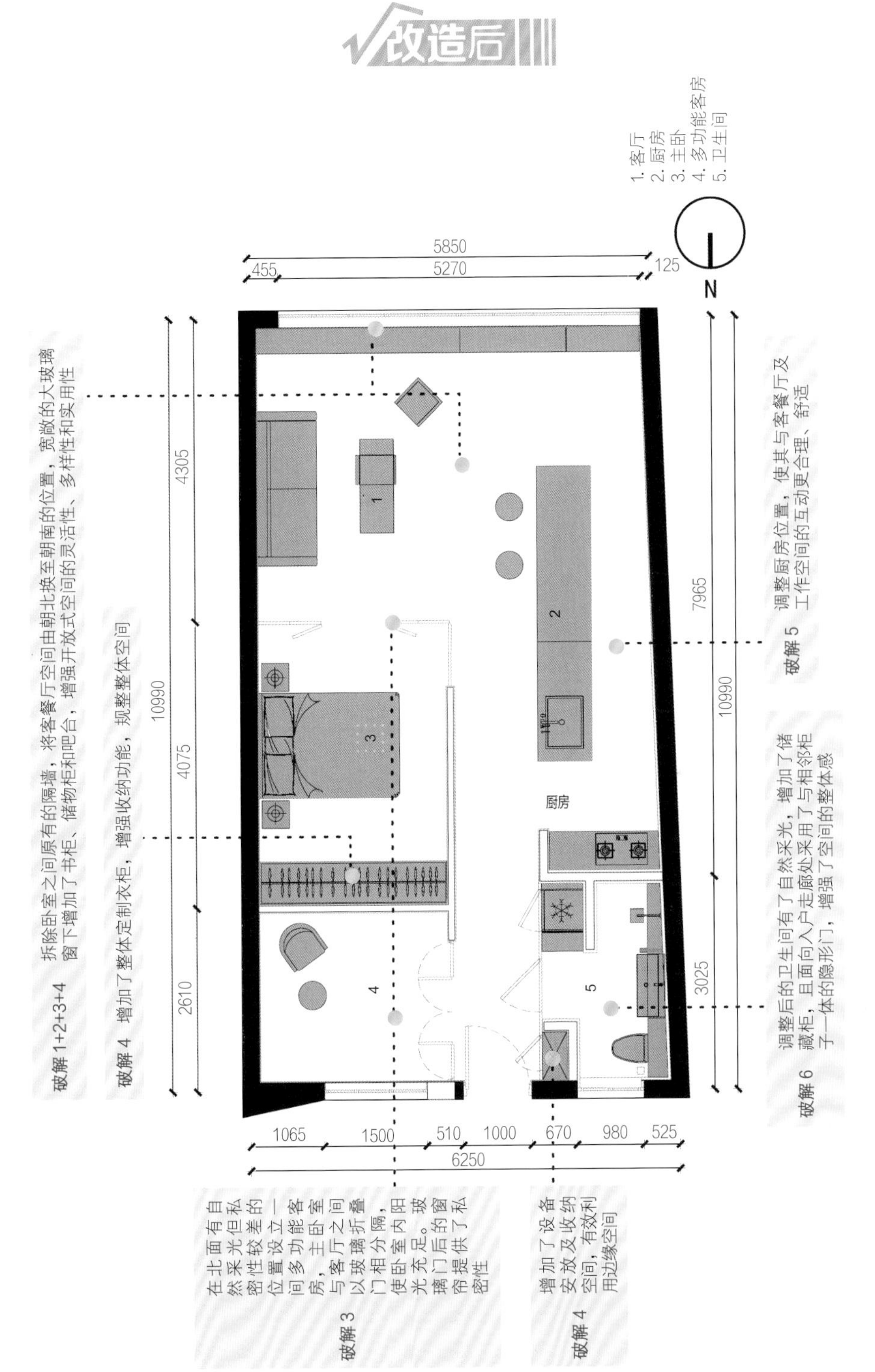

改造后平面图及问题的破解

这次的公寓室内改造延续了其建筑外观的包豪斯风格，以理性的、秩序的、简练的方式对室内空间进行了重构。以片墙结合钢框玻璃门的形式区分室内不同的功能。在定义功能属性的同时，创造出连续的、流动的空间。纤细的钢框尽可能放大玻璃的可视面积，使整体空间在视觉上更流畅通透。空间功能的合理化并给人以美的感受是此次设计的基本目的。

让色彩贯穿于整个空间设计也是包豪斯风格的独特之处。空间中不同灰度及明暗的颜色互补统一，顶部有节制的弧线让光线与色彩更柔和地交织。

在整个空间的设计中， 虚与实、明与暗、公共性与私密性，有秩序地营造出简约纯粹而又温馨舒适的现代居住空间。

6 由玄关看向次卧室、书房
7 贯穿公区的玻璃窗
8 公区及卧室

9

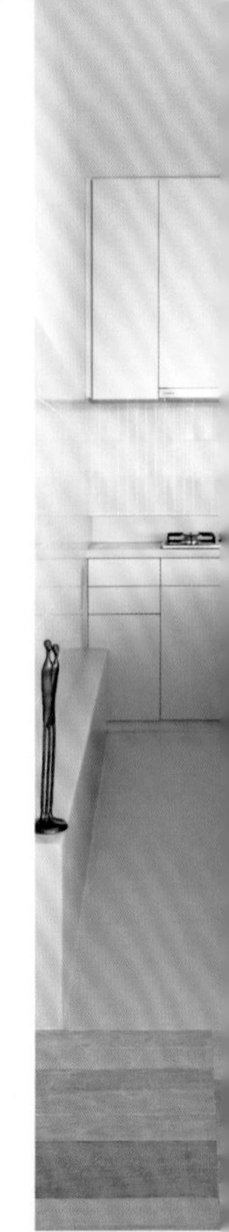

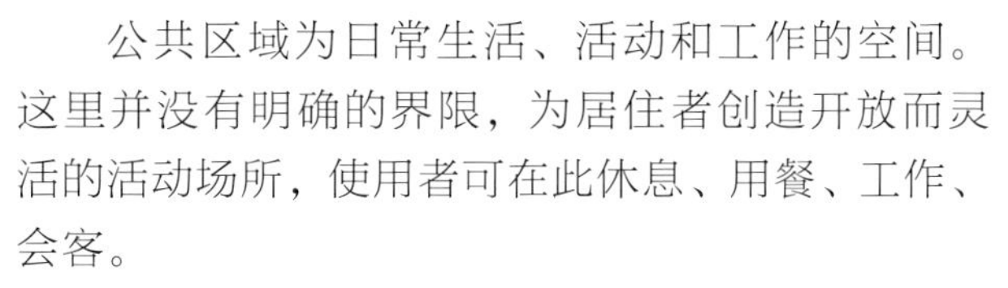

公共区域为日常生活、活动和工作的空间。这里并没有明确的界限，为居住者创造开放而灵活的活动场所，使用者可在此休息、用餐、工作、会客。

开放式厨房的岛台是个简单的大理石立方体，与之并置的是用老木定制的餐桌。餐桌的形体简洁轻盈，而所用的带着斑驳印记的老木有着厚重的历史感。轻盈与厚重对比、新与旧的统一，使整体观感达到平衡。

10

11

9 木餐桌与大理石灶台
10 餐厨空间
11 定制木餐桌
12 卫生间

12

“公共区域”南临淮海中路，原本的空间在南向 5m 多长的钢窗中间由一面隔墙将南面的空间分成两间。设计方案拆除了隔墙，让 5m 多长的窗户贯通，大片的老式钢窗让阳光、新鲜空气尽情洒入室内。窗下设置了通长的矮书柜和咖啡吧。窗户是室内与室外对话的媒介，窗内宁静安逸的居家氛围和窗外繁华喧闹的城市舞台，通过这个玻璃窗进行交互。坐在窗前工作或休闲，可感受到内与外自由切换的微妙心理体验。

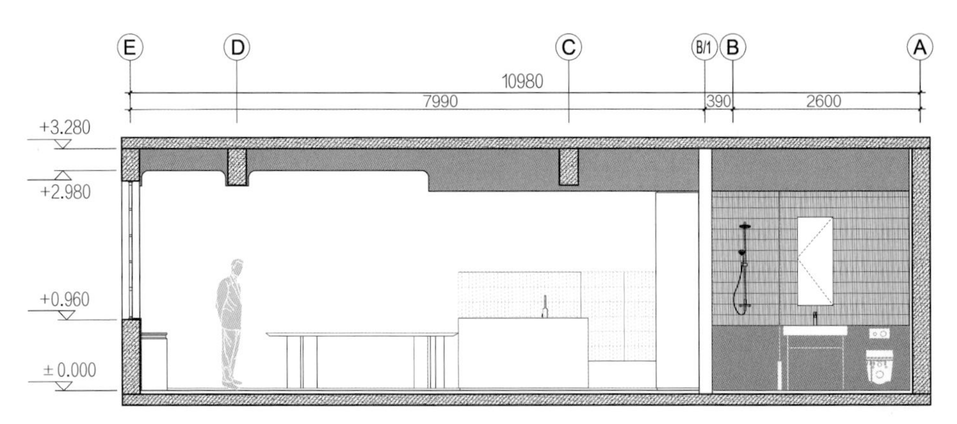

剖面图 1

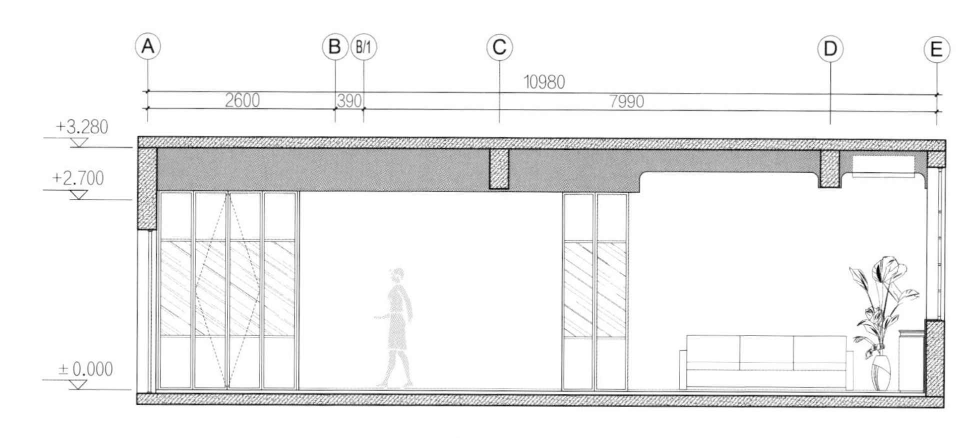

剖面图 2

卧室采用了细框铁艺玻璃折叠门，休息空间与活动空间融合在一起，使之拥有与客厅同等质量的自然光线。折叠门的卧室一侧安装了窗帘，保证了空间的私密性。玻璃门延续至转角，虚化转角处的视线感受。

13 窗下设置通长的矮书柜和咖啡吧
14 卧室采用了细框铁艺玻璃折叠门与客厅分隔
15 从客厅看向卧室

半圆厅公寓改造

——由破旧舞厅改造而成的多功能家居洋房

项目地点：上海市
项目面积：42 ㎡
居住人数：1 人
设计公司：Atelier tao+c 西涛设计工作室
设计团队：刘涛、蔡春燕 、王唯鹿 、韩立慧
施工：上海添赐建筑装饰有限公司 王金芳
摄影：田方方

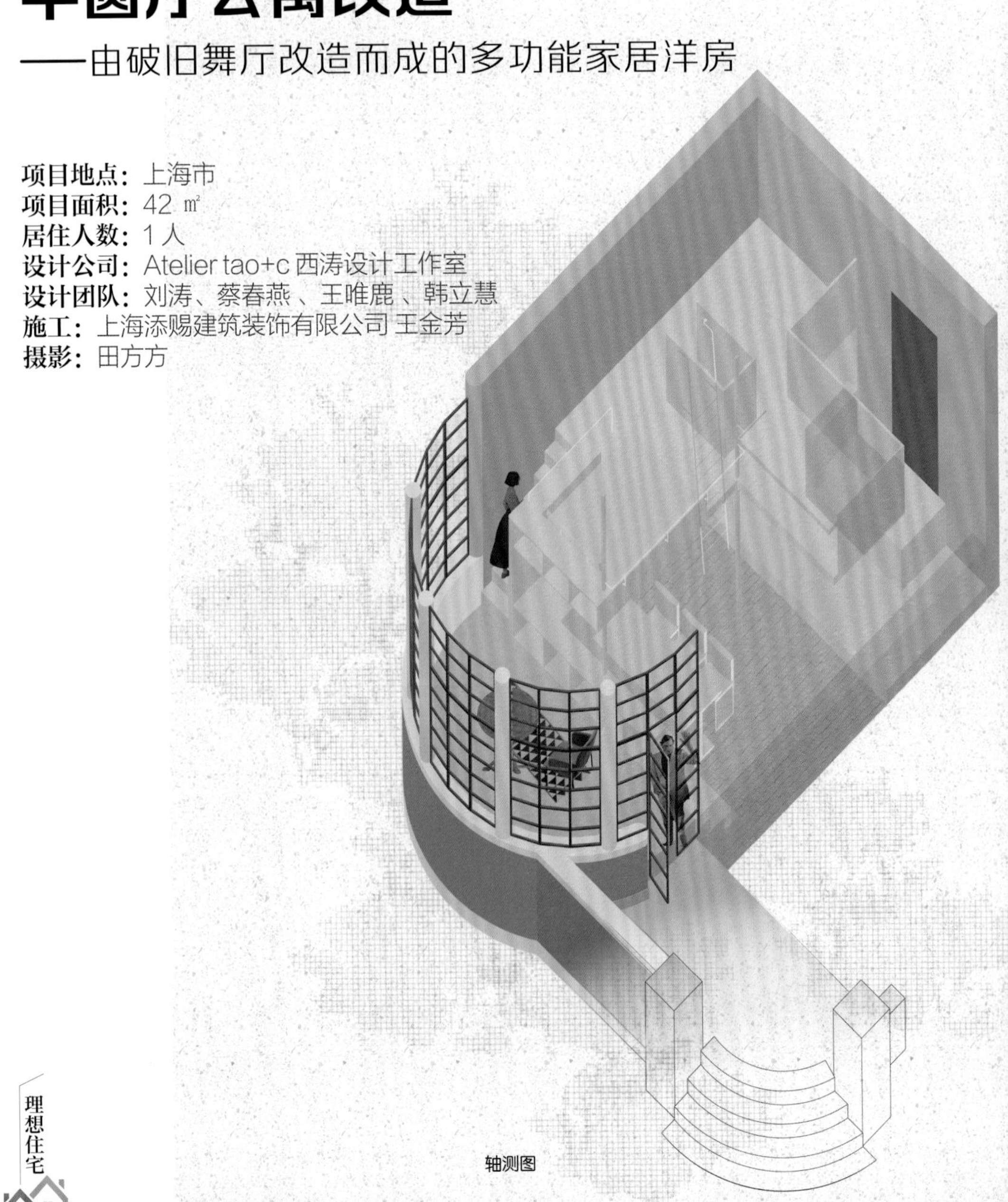

轴测图

1 半圆形起居室空间一览

这是一个马蹄形的房间，位于上海法租界某座老花园洋房的底层南侧，有一整面半圆形的窗户朝向后花园。

上海的老洋房大都经历过这样的变迁，原本为一个大户人家建造和居住使用，而后每个单独房间被分割给不同的家庭，十多户混居在一个房子里，共用走道上的公共厨房和卫生间。多年杂居导致的设施陈旧、卫生条件不佳和缺乏隐私等问题慢慢浮现，于是近年来那些住户们又开始纷纷搬离。

2、3 杂乱的原始空间

改造前

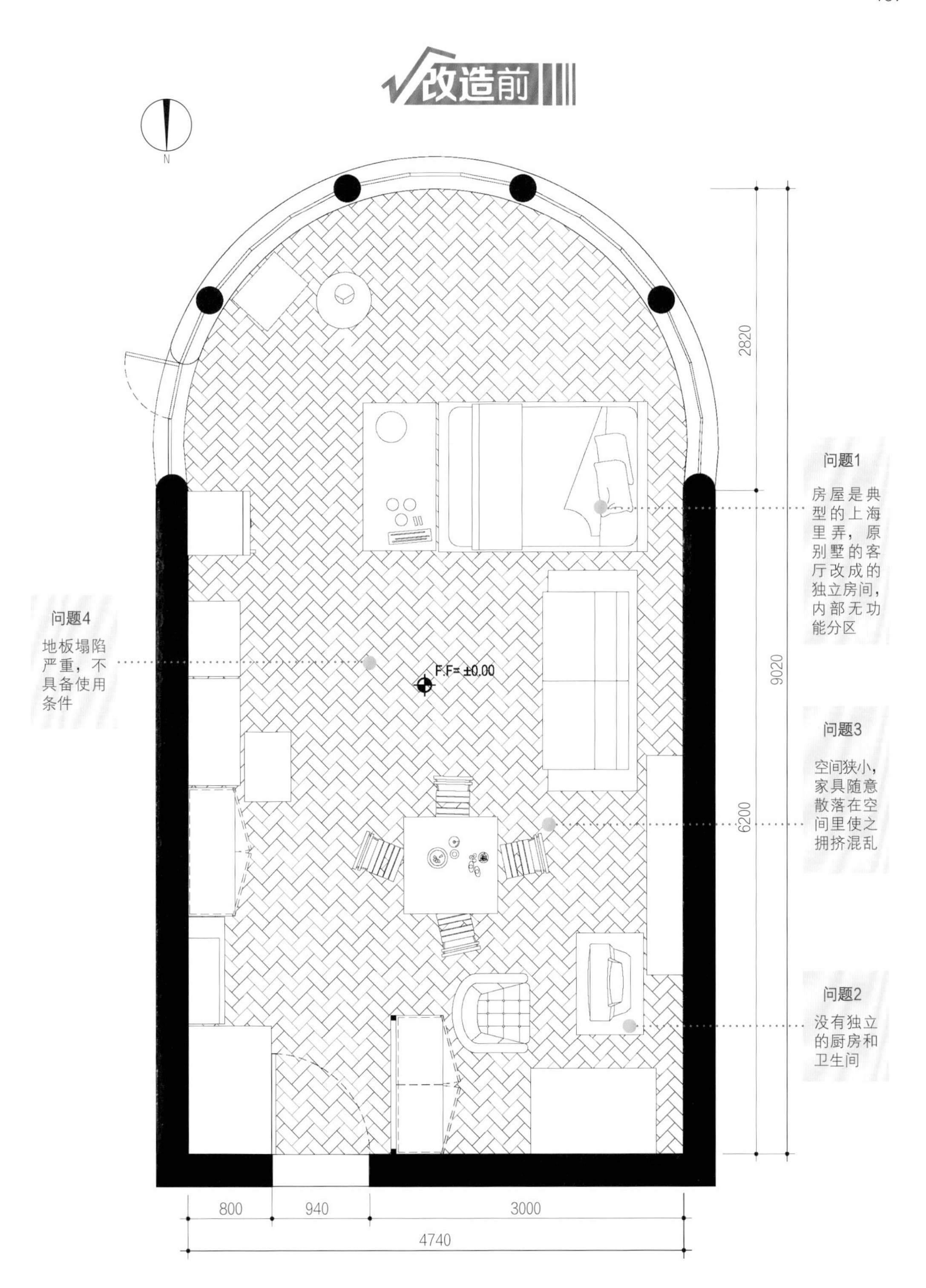

改造前平面图及存在的问题

改造后

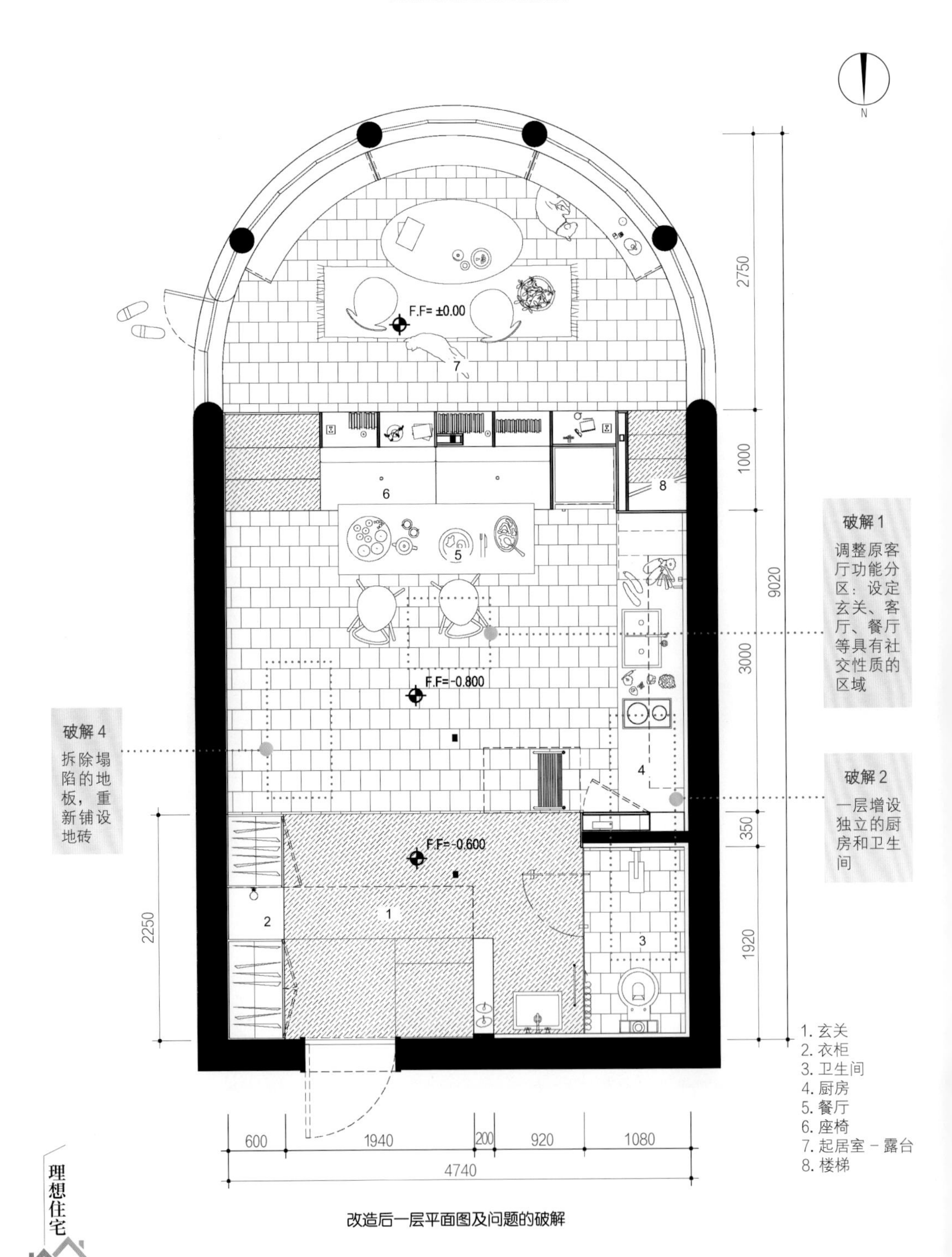

改造后一层平面图及问题的破解

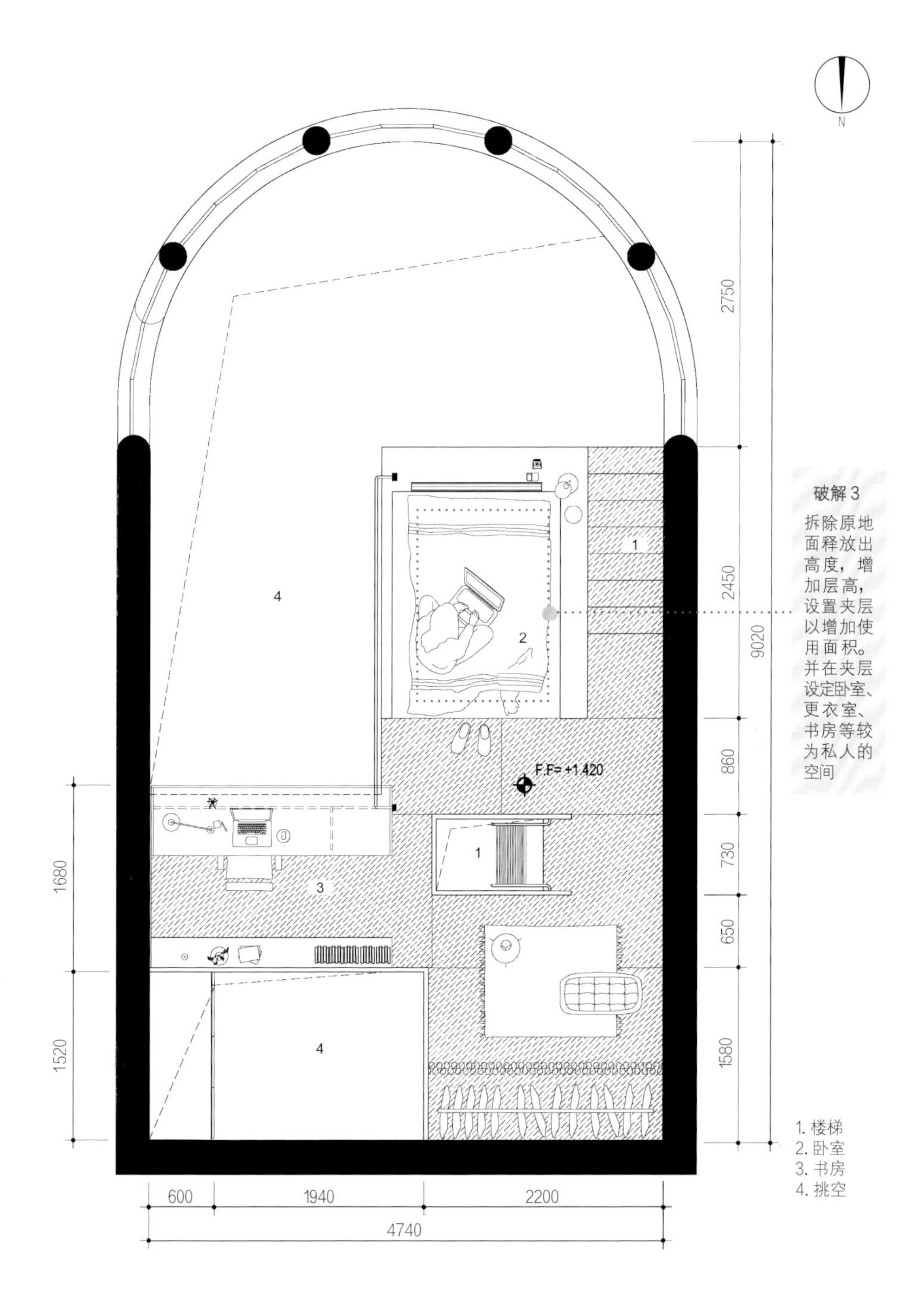

改造后二层平面图及问题的破解

5

这个 42 ㎡的半圆厅就是众多被空置出来的房间之一。这个房间是原主人家的舞厅，一对夫妇居住使用了几十年，终因年岁已长生活不便而迁出。一个老房子里的原本单一功能的房间，如何更新以适应年轻小家庭的生活需求，是很多产权复杂的老洋房面临的问题。设计师在这个项目中试图挖掘单间的居住潜力，并创造既住在一起又有独处空间的可能性。

4 通透明亮的起居室
5 入口处
6 从入口处看向客厅

6

8

7 位于夹层的学习空间
8 用餐区
9 入口一侧的卫生间和厨房

10 厨房
11 入口一侧的卫生间和厨房
12 休息区座椅
13 餐厅内部空间

设计师在房间里置入了一个巨型的复合家具，或者说是一个微型的家具化的建筑。在保留房间的轮廓、窗户和顶面不动的情况下，一个用枫木多层板构造的几何体块占据了房间的大半部分，形成一种独立的内部结构。在木板构造的深度内，嵌入了所有的功能需求——淋浴间、厨房、壁橱、书架、台阶和座椅。通过木板不同方向的挤压和转折，实现严密层列并互相咬合的组合，围合出了不同的角落和活动空间——餐厅和起居室。

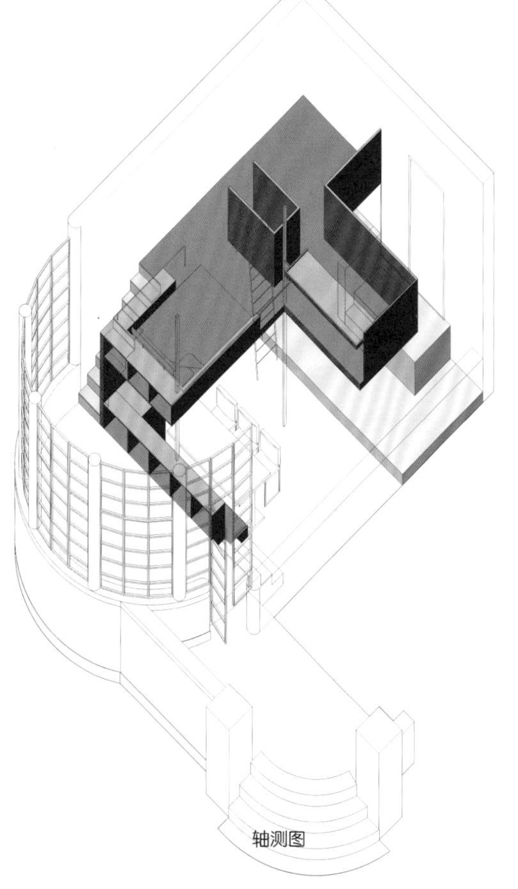

轴测图

14 起居室内部空间
15 卧室空间
16 夹层空间
17 通向夹层的楼梯，和家具一体

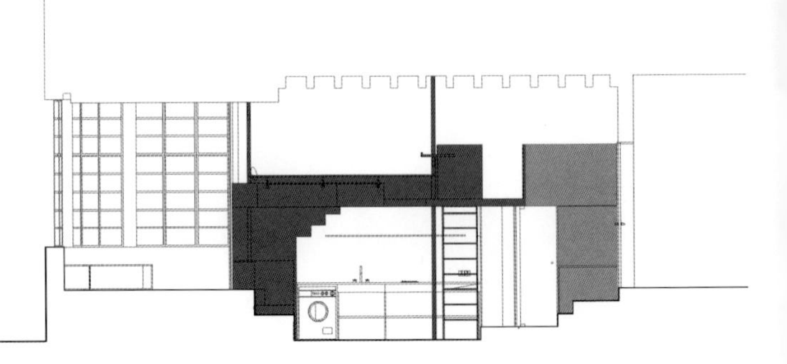

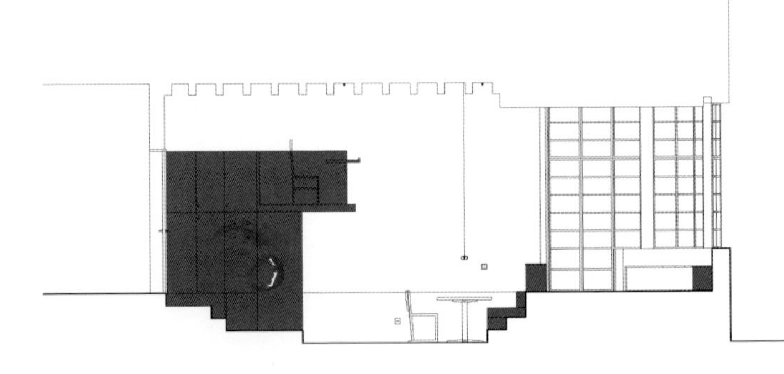

剖面图

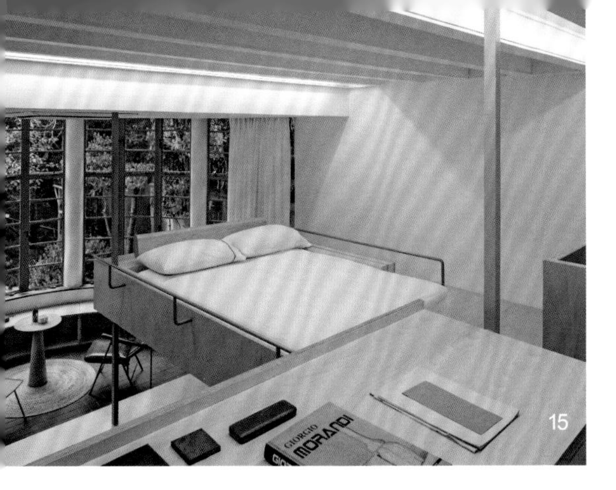

15

16

家具体块的顶部作为第二层的地面，容纳私密性的功能空间。床垫嵌入木板结构的顶部形成卧室；书桌在家具转角处拉伸起来，定义出书房。又通过挖空局部地面，形成上下层之间的挑空。在有限的面积内，又嵌入了两条不同的连接上下层的路径：木板构造的楼梯连接起居室和卧室，纤细的金属楼梯连接书房和餐厅。居住在此的情侣可以拥有独立互不干扰的动线和空间。家具体块交织形成的丰富界面，将日常生活的表面和平面吸收到复杂的结构中，由此获得更松散的活动空间：一个 42 ㎡的房间，却拥有 11 ㎡的起居室、20 ㎡的厨房和餐厅、4 ㎡的卫生间、5 ㎡的玄关、15 ㎡的卧室和 4 ㎡的书房。

17

18

连贯的内部空间中没有用来分区的墙，阳光可以没有阻碍地从窗户洒入室内。地面用了上海公园里常见的红色瓷砖，从户外延连至室内，并做出不同的台地高度。搭上全景式的半圆窗户，制造出一片内部的物体所形成的连续的居住景观。在这个项目中，墙壁和地面的功能被家具取代，家具成为一种简化的建筑缩影。

18　位于夹层的学习空间
19　交织的家具体块形成丰富的夹层空间界面
20　夹层入口
21　弧形玻璃窗

19

20

21

22

23

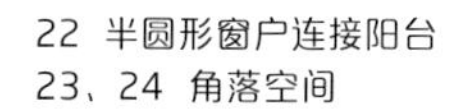

22 半圆形窗户连接阳台
23、24 角落空间

中岛住宅

——女士专属居所改造

项目地点： 北京市朝阳区
项目面积： 88 ㎡
居住人数： 1 人
设计公司： 北京白水室内设计有限公司
设计师： 朱志永
摄影： 立明

1

1 沙发区
2 改造后室内概览

房子在北京市朝阳公园南边，是 2008 年建造的住宅项目。本案处在十层朝南方位，在室内能看到绿树和城市远景，光线充足，使用面积约为 76 ㎡，是为一位女士设计的居所。屋主爱好阅读和音乐，喜欢品尝美酒和咖啡。

3

4

3~8 改造前空间原貌
9 餐厨空间细节
10 起居室
11 工作区

改造前

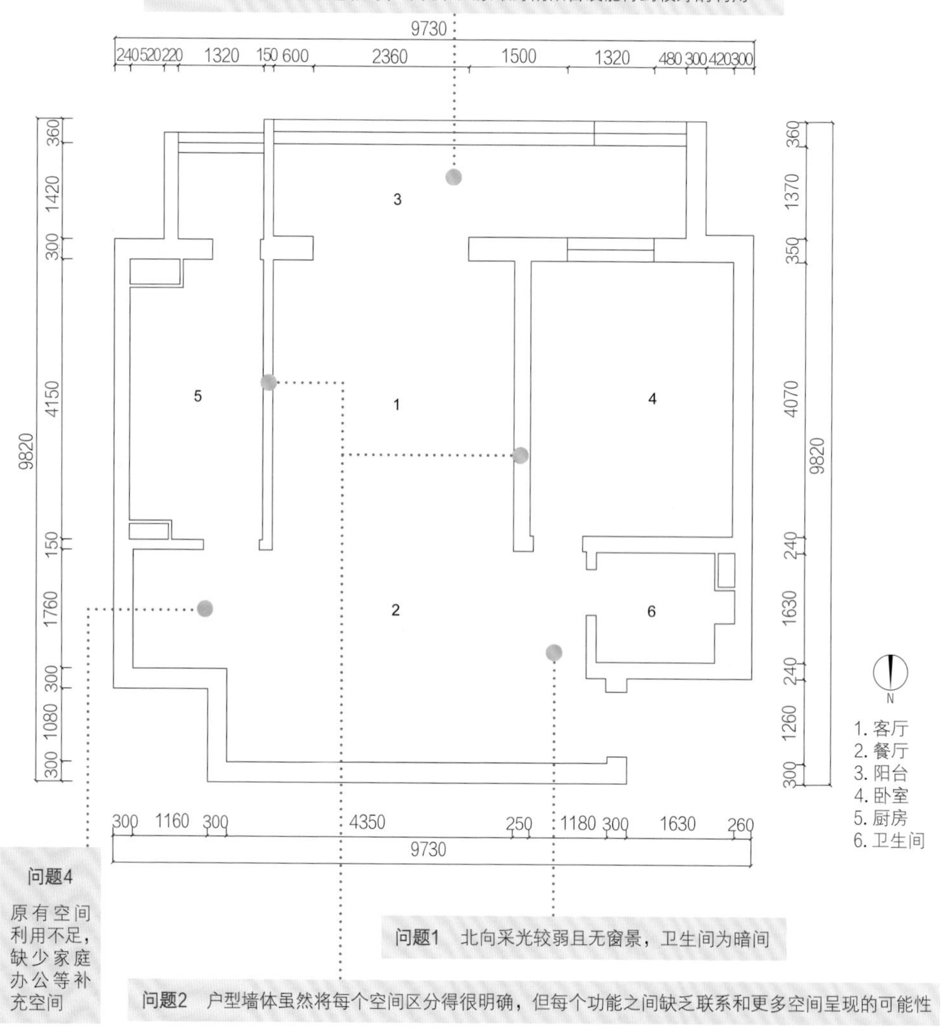

改造前平面图及存在的问题

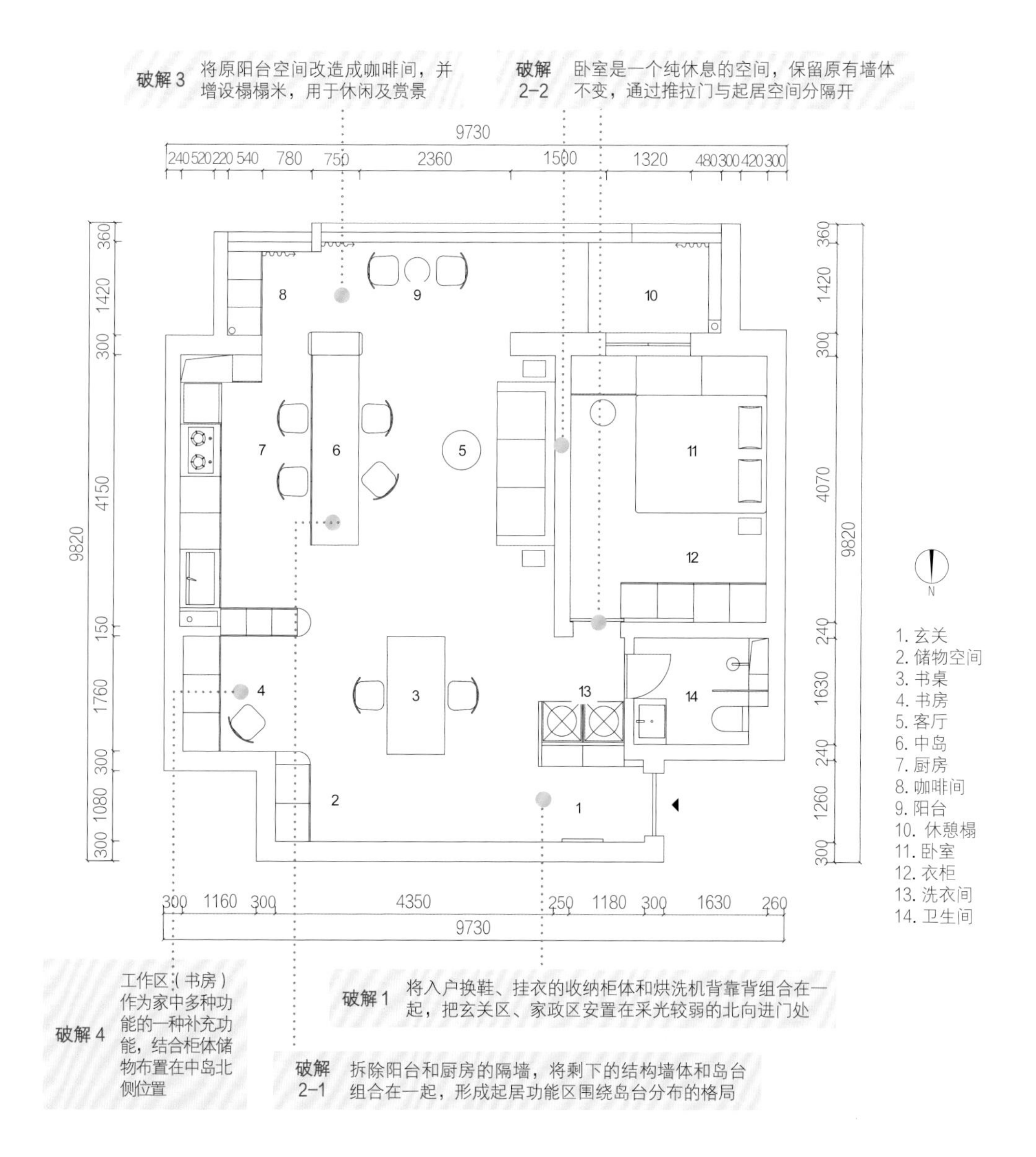

改造后平面图及问题的破解

设计理念：以中岛为核心，连接不同功能区

虽然是很规整的一室一厅一厨一卫的户型，但是每个空间之间相对孤立且生活动线不舒适。为了能赋予空间适合屋主日常起居的功能安排，于是拆除了厨房的非承重墙体，将客厅、餐厅、厨房及阳台整合为一个大空间，并在空间最核心的位置设置一个中岛，从而使起居空间各项功能围绕中岛吧台展开。中岛成为空间中不同功能之间的桥，是各个空间的联系纽带，连接客厅、餐厅、厨房、阳台及工作区。吧台结合承重墙体形成空间中岛，形成客厅、餐厅、厨房和阳台的大回游动线。美食、美酒和咖啡围绕它展开。

12

模型图

12 中岛与承重柱之间的关系
13 吧椅与吊灯细节
14 中央空调、承重柱与吧台关系
15 玄关
16 工作区

13

15

14

16

17

起居室作为房子中重要的活动空间，涵盖了大部分功能。围绕着承重柱体布置了餐厅岛台、沙发区、厨房、咖啡吧等功能区，使敞开式厨房与其他功能区连接得更加紧密，让做饭变得没那么孤立、无趣，希望在厨房中与沙发区、咖啡吧之间产生更多生活上的可能性。三五好友相聚，在开敞的起居室内，咖啡、备餐、畅饮连贯展开，身处其中感受着每种生活状态的联结与共存。

18

19

卧室是屋主私人的休息空间，同时也是睡前的阅读空间。靠窗设置了与窗台相同高度的书柜，窗户内安装百叶帘保证私密和阻隔阳光，对面设置衣柜用来收纳随身衣物。衣柜上方用吊顶来隐藏中央空调室内机。吊灯和绿植由屋主亲自挑选，是房屋个性的体现。

17 沙发区细部
18 家政区
19 沙发区
20 从卧室看向阳台
21 卧室中床与书柜的关系
22 衣柜与空调的关系

阳台是全家中阳光最好、视野最开阔的空间，因此将休憩榻和咖啡吧落在这里。休憩榻可以使屋主躺在阳光里读读书、发发呆，小憩一会，同时可临时作为一间卧室使用。窗帘的设置既可以保护隐私，也可以遮挡强烈的光线。休憩榻一端设置的小型书架则为图书的摆放提供了便利，方便屋主在此阅读。咖啡吧的设置满足了屋主喜欢品尝美酒和咖啡的习惯。咖啡吧旁的桌椅可以供屋主在景观中品尝咖啡、闲聊久坐。

23 阳台中的咖啡吧
24 阳台中的休憩榻
25 咖啡吧细节

设计公司名录

Atelier tao+c 西涛设计工作室（P.136，P.186）
地址：上海市普陀区莫干山路 97 号 2 楼 200060
电话：18217300258
邮箱：info@ateliertaoc.com

STUDIO.Y 室内设计事务所（P.002，P.044）
地址：四川省成都市高新区仁和新城写字楼 A 座 2204~2207
电话：4000112107
邮箱：sensehome2015@163.com

TOPOS DESIGN 觅我(上海)建筑设计有限公司(P.116)
地址：上海市闵行区吴中路 1366 号 105 室
电话：13321889963
邮箱：contact@topos-design.com

TOWOdesign 堂晤设计（P.156）
地址：上海市闵行区新龙路 1333 弄万科七宝国际 23 幢 203
电话：18521098660
邮箱：info@towodesign.com

北京白水室内设计有限公司（P.204）
地址：北京市朝阳区百子湾路 29、31 号 2 号楼 1 层 1063 室
电话：13521907486
邮箱：815881192@qq.com

尺度森林 S.F.A（P.068）
地址：上海市静安区愚园路 546 号 4-405
邮箱：info@scalefa.com

大海小燕设计工作室（P.086）
地址：上海市杨浦区江浦路 1500 号 2 号楼 008 室
电话：（021）55896753
邮箱：public@atelier-dy.com

景会设计（P.174）
地址：上海市徐汇区
电话：（021）61204086
邮箱：info@arespartnersltd.com

诺亿设计研发 ROOI Design and Research（P.102）
地址：北京市朝阳区常营未来时大厦 4 层诺亿设计研发
邮箱：info@rooidesign.com

戏构建筑设计工作室 XIGO STUDIO（P.026）
地址：北京市通州区东亚尚品台湖 6 号楼 1 层 124
电话：18511717138
邮箱：xigo_studio@qq.com